Notebooks on Military Archaeology and Architecture 12
Edited by Roberto Sconfienza

Messina 1860–1943

Storia e Archeologia Militare di una piazzaforte contesa

Armando Donato

BAR International Series 2877

2017

Published in 2017 by
BAR Publishing, Oxford

BAR International Series 2877

Notebooks on Military Archaeology and Architecture 12
Messina 1860–1943

ISBN 978 1 4073 1628 4

COVER IMAGE *A sinistra Cittadella di Messina, portale dell' avanticortina Concezione. A destra, Messina batteria MS 620, àncora in rilievo.*

Printed in England

BAR
PUBLISHING

BAR titles are available from:

BAR Publishing
122 Banbury Rd, Oxford, OX2 7BP, UK
EMAIL info@barpublishing.com
PHONE +44 (0)1865 310431
FAX +44 (0)1865 316916
www.barpublishing.com

Notebooks on Military Archaeology and Architecture

Edited by Roberto Sconfienza

La collana promossa dai BAR, di cui questo libro costituisce il dodicesimo volume, nasce in seguito al desiderio di poter aprire uno spazio autonomo per le pubblicazioni di un settore specialistico degli studi archeologici e storico-architettonici, che è quello relativo al più ampio tema della storia militare. Non si danno perciò fin d'ora limiti cronologici o spaziali, volendo fornire al maggior numero di studiosi la possibilità di pubblicare studi inerenti il tema della collana. Per comunicazioni e proposte di pubblicazioni fare riferimento al responsabile:
ROBERTO SCONFIENZA

* * * * *

La collection lancée par les BAR, dont la présente édition constitue l'douzième exemplaire, remonte au désir de faire place aux publications concernant le secteur de l'histoire militaire, un secteur très spécialisé dans le panorama des études d'archéologie et d'histoire de l'architecture. Dans le but d'offrir au plus grand nombre d'auteurs la possibilité de publier leurs ouvrages, on n'a donné aucune limite spatio-temporelle aux sujets traités. Pour tout renseignement et proposition de publication s'adresser au responsable:
ROBERTO SCONFIENZA

* * * * *

The series, promoted by BAR, of which the present volume is the twelfth issue, originates from the desire to open a new, autonomous ground for specialized publications concerning archaeological and historical studies, in particular relating to the wider field of military studies. No boundaries are set, concerning time and space, since the aim is to offer the most scholars the possibility to publish their works relating to the topic of the series. For any further suggestions and proposals of publications please contact the editor:
ROBERTO SCONFIENZA

* * * * *

Der vorliegende Band stellt die zwölfte Nummer der neuen von Bar geförderte Reihe dar. Diese Serie entsteht infolge des Wunsches einen selbständigen Platz zu schaf-fen, der für die Ausgaben eines fachmännischen Gebietes von der archäologischen und architektonisch-geschichtlichen Untersuchungen bestimmt ist. Von jetzt an, setzt man keine chronologischen oder räumlichen Grenzen; auf diese Weise hat ein größer Teil der Gelehrten die Gelegenheit die Untersuchung über den Gegenstand dieser Bücherreihe zu veröffentlichen. Für die Mitteilungen und Veröffentli-chungs-vorschlage darf man sich auf den Verantwortliche beziehen:
ROBERTO SCONFIENZA

Roberto Sconfienza,
- via Claudio Beaumont n. 28, 10138, Torino, Italia
- via per Agliè n. 12, 10090, Cuceglio, (Torino), Italia
n. tel. 0039-011-4345944; 0039-0124-492237; 0039-333-4265619
mail: robertosconfienza@libero.it
sito internet: http://www.archeofortificazioni.org

NOTEBOOKS ON MILITARY ARCHAEOLOGY AND ARCHITECTURE

Edited by Roberto Sconfienza

e-mail: robertosconfienza@libero.it

No 1	ROBERTO SCONFIENZA, *Fortificazioni tardo classiche e ellenistiche in Magna Grecia. I casi esemplari nell'Italia del Sud*, **Oxford 2005**	**BAR International Series 1341 2005**
No 2	GIOVANNI CERINO BADONE, *La guerra contro Dolcino "perfido eresiarca" (1305 1307). Descrizione e studio di un assedio medioevale*, **Oxford 2005**	**BAR International Series 1387 2005**
No 3	PAOLA GREPPI, *Provincia Maritima Italorum. Fortificazioni altomedievali in Liguria*, **Oxford 2007**	**BAR International Series 1839 2007**
No 4	ROBERTO SCONFIENZA, *Pietralunga 1744. Archeologia di una battaglia e delle sue fortificazioni sulle Alpi fra Piemonte e Delfinato. Italia nord-occi-dentale*, **Oxford 2009**	**BAR International Series 1920 2009**
No 5	GIORGIO DONDI, *La fatica del bello. Tecniche decorative dell'acciaio e del ferro su armi e armature in Europa tra Basso Medioevo ed Età Moderna*, **Oxford 2011**	**BAR International Series 2282 2011**
No 6	ROBERTO SCONFIENZA, *Le pietre del Re. Archeologia, trattatistica e tipologia delle fortificazioni campali moderne fra Piemonte, Savoia e Delfinato*, **Oxford 2011**	**BAR International Series 2303 2011**
No 7	ROBERTO SCONFIENZA (a cura di), *La campagna gallispana del 1744. Storia e Archeologia Militare di un anno di guerra fra Piemonte e Delfinato*, **Oxford 2012**	**BAR International Series 2350 2012**
No 8	ROBERTO SCONFIENZA, *Le fortificazioni campali dei colli di Finestre e Fattières. Archeologia e Storia di un sito militare d'Età Moderna sulle Alpi Occidentali*, **Oxford 2014**	**BAR International Series 2640 2014**

No 9	ARMANDO DONATO, ANTONINO TERAMO, *La fortificazione della piazza di Messina e le Martello Tower. Il piano difensivo anglo siciliano nel 1810*, **Oxford 2014**	**BAR International Series 2644 2014**
No 10	ROBERTO SCONFIENZA, *La piazzaforte di Casale Monferrato durante la Guerra di Successione Spagnola, 1701-1706*, **Oxford 2015**	**BAR International Series 2704 2015**
No 11	ARMANDO DONATO, *Architettura militare di fine Ottocento. La difesa costiera e l'impiego delle batterie dello Stretto di Messina*, **Oxford 2016**	**BAR International Series 2784 2016**
No 12	ARMANDO DONATO, *Messina 1860-1943. Storia e Archeologia militare di una piazzaforte contesa*, **Oxford 2017**	**BAR International Series 2877 2017**

Distributor :
BAR Publishing
122 Banbury Road, Oxford OX2 7BP, England, Fax +44 (0)1865 310431

INDICE

INDICE DELLE ILLUSTRAZIONI

Capitolo 1

Capitolo 2

Premessa

Il presente lavoro è il frutto non solo di studi e ricerche cartacee, ma anche sui luoghi di battaglia o caratterizzati dalla presenza di opere militari.

Circa l'assedio piemontese di Messina nel 1860-61 la consultazione e lo studio del materiale, specialmente d'epoca, è iniziato nel 2002 con vari aggiornamenti e nuove acquisizioni bibliografiche sino all'anno corrente. Le prime ricognizioni in loco sono invece state effettuate in modo quasi continuativo dal 2003 al 2014. A ciò sono da aggiungere le visite presso musei a tema italiani ed esteri.

Per quanto riguarda l'argomento relativo alla Piazza marittima di Messina-Reggio Calabria dal 1939 al 1943, i primi rilievi in loco sono stati eseguiti a partire dal 2000 e sono ancora in corso.

In particolare per la prima volta dal dopoguerra, già a partire dal 2002, sono state rintracciate, documentate e catalogate le batterie di artiglieria, postazioni e altre opere edificate tra la fine degli anni Trenta e i primi anni Quaranta del Novecento. Inoltre sono stati acquisiti e consultati documenti e fotografie provenienti da archivi storici italiani e americani, i testi di biblioteche militari e statali italiane ed estere, insieme al materiale bibliografico e fotografico acquisito nel frattempo, nonché alle risultanze delle visite presso musei a tema italiani ed esteri.

Introduzione

La scelta di trattare contemporaneamente due episodi bellici di significativa importanza consumatisi nell'area dello Stretto di Messina, non è stata casuale. Infatti, se tali eventi possono in un primo momento apparire distanti sotto molteplici aspetti, in realtà pur considerando le palesi e scontate differenze sul piano geopolitico e tecnologico, vi sono molti interessanti spunti di natura storica, geografica, strategica e tattica che li accomunano.

Una prima disamina generale di ordine storico-politico consente anzitutto di intuire che la presa di Messina da parte dell'esercito garibaldino e piemontese nel 1860-1861 e quella dell'esercito angloamericano nell'agosto 1943, coincidono in sostanza con l'inizio e la fine del Regno d'Italia e la relativa monarchia sabauda. Esso infatti nacque ufficialmente il 17 marzo 1861 e dopo poco più di 80 anni circa il territorio metropolitano, visse la fase di declino con la perdita della Sicilia il 17 agosto 1943, l'armistizio corto il 3 settembre dello stesso anno, il regno del sud, la cobelligeranza e tutti gli altri fatti che, finita la seconda guerra mondiale, porteranno alla proclamazione della Repubblica nel giugno 1946.
Procedendo al confronto tra la campagna garibaldina e piemontese in Sicilia, iniziata l'11 maggio 1860 e conclusa il 13 marzo 1861, e quella angloamericana iniziata il 9/10 luglio 1943 e conclusa il 17 agosto dello stesso anno, risalta subito all'attenzione il fatto che per poter raggiungere la penisola italiana, le scelte siano non casualmente ricadute sulla Sicilia, quale importante e grande base logistica e di operazioni.

Inoltre entrambe le campagne militari, con sbarchi nel settore nordoccidentale e sudorientale dell'isola, ebbero come obiettivo primario e finale la presa di Messina e il suo Stretto, punto strategico fondamentale nonché utile per l'agevole passaggio in continente.

A tale obiettivo si giunse adottando strategie simili, per battere il nemico e stringerlo verso la cuspide nordorientale della Sicilia culminante presso lo Stretto, attraverso manovre aggiranti provenienti dal versante ionico e tirrenico. Proprio nelle ultime fasi delle campagne sia garibaldina che angloamericana in prossimità di Messina, si rilevano le similarità più evidenti. Infatti le truppe garibaldine provenienti da Palermo, superata l'ultima importante difesa nemica di Milazzo, percorsero la strada tirrenica giungendo nei villaggi di Spadafora, Divieto e Bauso, per poi salire alla volta delle colline che cingono Messina da ovest. Oltrepassato il villaggio di Gesso e giunti sulla sommità del colle Sarrizzo, il 24-25 luglio 1860 le avanguardie garibaldine presero contatto con i cacciatori borbonici facenti parte dell'estrema linea difensiva; e solo dopo che questi si ritirarono fu possibile prendere Messina.

Ottantatré anni dopo le truppe americane seguirono lo stesso tracciato dei garibaldini scontrandosi col nemico, questa volta tedesco, nelle medesime posizioni. In particolar modo quelle ultime nei pressi del colle Sarrizzo, potendo giungere in città con le prime avanguardie il 16 agosto 1943, mentre l'avversario si stava ritirando in continente. Inoltre a Gesso nel 1860 e nel 1943 furono poste le sedi dei Comandi, così come i principali comandanti (Garibaldi e Patton), e aiutanti al seguito, transitarono dalle medesime vie per giungere sulle colline prospicienti Messina. Furono simili anche le strategie e tattiche difensive borboniche e italotedesche nel 1860 e nel 1943, che, una volta realizzata l'impossibilità di fermare il nemico, miravano a contenerne l'avanzata e a ritirarsi verso Messina, considerata fondamentale anche da parte dei difensori. Ciò dimostra che, nonostante la continua e inarrestabile evoluzione delle scienze belliche nel tempo, il terreno è sempre un fattore importante della forza militare. Il suo valore intrinseco e l'influenza sulle operazioni militari sono evidenti.

Il terreno sul quale si organizzano gli eserciti (organica), si dislocano, si muovono, vivono (strategia e logistica) e combattono (tattica), è la palestra nella quale le varie branche dell'arte militare sommano e fondono le loro molteplici espressioni e funzioni allo scopo della vittoria. Le caratteristiche del terreno hanno sempre guidato gli avvenimenti politico-militari, legando i fatti storici alle condizioni del suolo. Esso quale elemento di guerra, acquista sempre maggior valore pur riducendosi nello spazio, sancendo il passaggio dalla grande strategia e geografia alla tattica spicciola, alla topografia minuta, ovvero un colle, una valle, un villaggio, un ponte, che diventano base degli studi di tattica applicata. Infatti qualunque più modesta operazione si può identificare con la conquista o la difesa di una accidentalità del suolo, sia essa obiettivo principale o secondario. Ecco perché, considerando la grande importanza del terreno come strumento di guerra, questi e tanti altri eventi bellici, si sono consumati a distanza di decenni o di secoli nelle stesse regioni, località, strade, itinerari.

CAPITOLO 1

L'esercito piemontese e le operazioni di assedio della piazza borbonica settembre 1860 - marzo 1861

Gli sbarchi garibaldini in Sicilia e i primi provvedimenti difensivi borbonici

L'obiettivo finale della campagna garibaldina per la conquista della Sicilia iniziata nel maggio 1860, era lo Stretto di Messina. L'esercito di Garibaldi sbarcato sul versante nordoccidentale e opportunamente rinforzato in corso d'opera da altre truppe giunte con i vari successivi sbarchi, si prefiggeva infatti di conquistare l'isola mediante una manovra a tenaglia culminante con la presa di Messina, dalla quale attraversare lo Stretto e risalire la penisola alla volta di Napoli. Rilevata la sempre più minacciosa avanzata garibaldina, i Comandi superiori borbonici dovevano rapidamente decidere se difendere la città, tenendo un piede sull'isola allo scopo di agevolare l'approntamento e l'espletamento di future operazioni di riconquista; così come era già efficacemente avvenuto nel 1848 a danno dei rivoluzionari.

Nel frattempo conquistate le prime importanti posizioni nei mesi di giugno e luglio, l'attenzione garibaldina fu tutta rivolta in direzione di Milazzo, da considerarsi ultima fondamentale piazza fortificata nemica, prima di giungere in riva allo Stretto. In tale contesto le residue piazze borboniche di Messina, Milazzo, Siracusa e Augusta erano in stato di allarme, mentre a seguito degli armistizi, già dal mese di maggio le truppe si stavano progressivamente ritirando verso lo Stretto studiando vari provvedimenti per riappropriarsi delle posizioni perse a causa delle azioni di varie bande di insorti, e arrestare la progressione nemica. Messina era già in massima parte spopolata e in preda ai rivoluzionari e i disertori borbonici.

Il 15 giugno il maresciallo di campo[1] Clary (Fig. 1) fu nominato comandante della Divisione presente a Messina, mentre il parigrado Afan de Rivera comandante provvisorio della Piazza e della provincia. Il brigadiere Fergola fu invece nominato comandante della Piazza e della provincia di Siracusa, al posto del maresciallo di campo Rodriguez. Tuttavia Fergola lasciò le consegne al parigrado Locascio, in quando nominato comandante superiore della Cittadella di Messina. Il 17 la forza rilevata in città fu giudicata non in grado di condurre azioni offensive.

Il 19 maresciallo Clary, già a capo della Piazza di Catania che aveva riconquistato nel mese di maggio, fu promosso comandante superiore di tutte le forze presenti a Messina, col compito di agire per riacquistare Palermo e Catania. Il 21 Afan de Rivera dettò le istruzioni per la difesa della città. Nel contempo Clary con 5 reggimenti di linea, 3 battaglioni cacciatori e 5 squadroni di cavalleria, il 24 giugno doveva avanzare e riguadagnare i paesi caduti in mano agli insorti, nelle posizioni di Taormina a sudest e Milazzo a nordovest. Tuttavia egli affermò che fosse preferibile utilizzare le truppe per difendere la città, evitando in questo modo di lasciarla vulnerabile e di consumarle per l'offen-siva in un territorio assai ampio.

[1] I gradi degli ufficiali generali erano quattro: brigadiere generale, maresciallo di campo, tenente generale e capitano generale.

Fig. 1 A sinistra il re Francesco II di Borbone, capitano generale in gran tenuta. Al centro il già maresciallo di campo e ministro della guerra borbonico Pianell, qui ritratto nel 1861 nel grado di luogotenente generale in gran montura del Regio Esercito Italiano. A destra il maresciallo di campo Clary in gran tenuta (da PIANELL 1902; CUSTODERO-PEDONE 2009)

Il 25 giugno fu pubblicato lo statuto costituzionale, col quale il re di Napoli approvava accordi col re di Sardegna e ordinava di dotare le bandiere con i colori nazionali. Intanto la forza disponibile borbonica in Sicilia contava un totale di 30094 uomini, di cui 906 ufficiali, 29188 soldati e inoltre 614 cavalli, 579 muli e 40 pezzi di artiglieria, suddivisa le cifre riportate nella sottostante tabella.

<table>
<tr><th>Forza</th><th>Messina</th><th>Milazzo</th><th>Augusta</th><th>Siracusa</th></tr>
<tr><td>Ufficiali</td><td>473</td><td>122</td><td>16</td><td>53</td></tr>
<tr><td>Truppa</td><td>14916</td><td>4514</td><td>527</td><td>2117</td></tr>
<tr><td>Cavalli</td><td>479</td><td>132</td><td></td><td></td></tr>
<tr><td>Muli</td><td>362</td><td>205</td><td></td><td></td></tr>
<tr><td>Artiglierie</td><td>32</td><td>8</td><td>--</td><td>--</td></tr>
<tr><th colspan="2">Ricoverati negli ospedali</th><th colspan="3">Assenti per altra causa</th></tr>
<tr><td colspan="2">Ufficiali 19</td><td colspan="3">Ufficiali 223</td></tr>
<tr><td colspan="2">Truppa 1445</td><td colspan="3">Truppa 5615</td></tr>
<tr><td colspan="2"></td><td colspan="3">Cavalli 3</td></tr>
<tr><td colspan="2"></td><td colspan="3">Muli 12</td></tr>
</table>

I primi reparti borbonici (figg. 2,3) provenienti da Gaeta sbarcarono a Messina il 24 e 25 giugno. In quei giorni il corpo d'esercito in città era composto da:

- un battaglione carabinieri a piedi;
- due battaglioni del 1° reggimento di linea Re;
- due battaglioni del 3° reggimento di linea Principe;
- un battaglione del 4° reggimento di linea Principessa;
- due battaglioni del 5° reggimento di linea Borbone;
- due battaglioni del 7° reggimento di linea Napoli;
- 5°, 8° e 9° battaglioni cacciatori;
- due battaglioni del reggimento lancieri;
- due squadroni del reggimento cacciatori a cavallo;
- due batterie di artiglieria da campo;
- 52 compagni d'armi.

Le principali fortificazioni borboniche di Messina, erano ubicate lungo il braccio del porto naturale falcato. In particolare la Cittadella, possente opera bastionata seicentesca a pianta stellare, forte di una guarnigione composta da due battaglioni del 14° Reggimento di linea Sannio e due del 15° Reggimento di linea Massapia, quattro compagnie di artiglieria da piazza e un battaglione del genio[2]. I Comandi erano così distribuiti:

Piazza di Messina 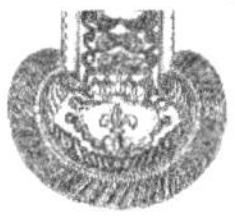 **maresciallo di campo Clary**		
Ispettore di Artiglieria  brigadiere *Fergola* **Sotto ispettore delle artiglierie**  colonnello *Musto* (sostituito a settembre dal ten. col. Vallo)	**Capo dello SM e dell'Artiglieria** 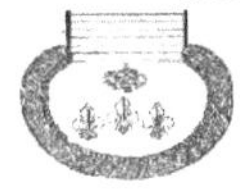 colonnello *Brigante*	**Comandante del Genio**  colonnello *Pelosi* **Sotto ispettore del Genio** 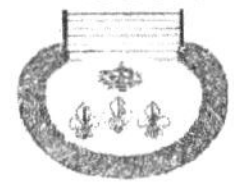 colonnello *De Stefanis*
Cittadella  colonnello *De Martino* (a settembre promosso brigadiere)	**Castello del Santissimo Salvatore**  brigadiere *Anguissola*	**Brigate** 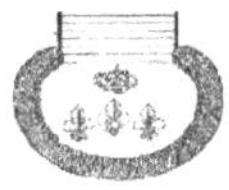 colonnelli *Cobianchi* (a settembre promosso brigadiere), *Melendez, Sergardi, Del Bosco.*

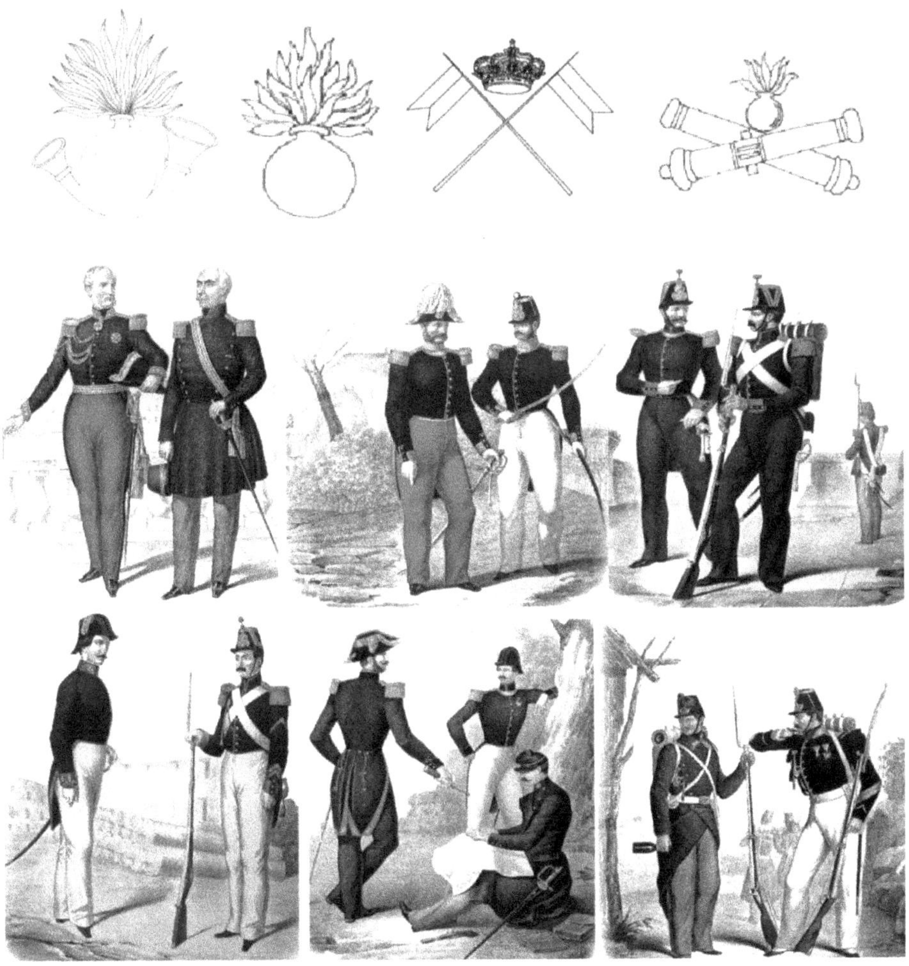

Fig. 2 In alto da sinistra verso destra: fregi dei cacciatori, granatieri, fanteria e carabinieri; lancieri; artiglieria a cavallo. In basso, alcuni esempi di specialità d'arma borboniche. Da sinistra in alto in senso orario, marescialli di campo in tenuta giornaliera e di marcia; 3° Reggimento di linea, ufficiali in gran tenuta; artiglieria a piedi, ufficiale e individuo in gran tenuta; armata di mare, capo artefice veterano e cannoniere artefice; genio, ufficiale superiore in gran tenuta, ufficiale e guardia; 6° Battaglione cacciatori, individuo in tenuta di rotta e sottufficiale in gran tenuta (da ALES 1975; CUSTODERO-PEDONE 2009)

[2] GAETA 1862, pp. 1-10.

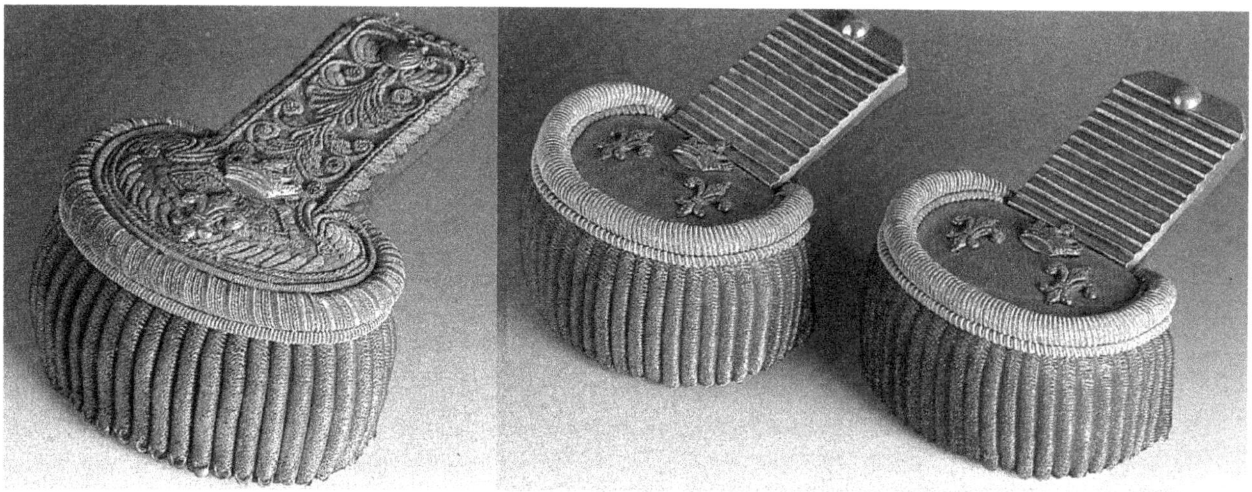

Fig. 3 Insegne di grado borboniche. A sinistra, spallina da brigadiere. A destra, spalline da tenente colonnello di fanteria (da *Militaria* 1991)

Il 29 il maresciallo Clary denunciò lo stato di difficoltà delle sue truppe all'interno dei presidi della città, nella quale gli insorti ne rendevano difficile se non impossibile l'approvvigionamento. Inoltre studiava la possibilità di conservare Messina mediante un'azione che la tenesse sgombra da truppe nemiche e insorti, oltre un raggio di 12 miglia (azione giudicata impossibile per il numero di forze a disposizione), oppure di ritirarsi in Calabria lasciando sull'isola i soli presidi del porto falcato. In ogni caso gli ordini erano di mantenersi sulla difensiva e respingere gli eventuali attacchi.

I reparti sostavano nel piano di Terranova. Il giorno precedente era stata organizzata una prima linea di avamposti presso i principali accessi alla città: S. Salvatore dei Greci, S. Francesco di Paola, Fiumara Santa Maria di Gesù, Porta San Leo, Portosalvo, Porta Imperiale e Fiumara Boccetta. Il 30 giugno allo scopo di allargare il settore difensivo, il 4°, 5° e 7° Battaglioni al comando del colonnello Cobianchi (Fig. 5) furono spostati sulle colline prospicienti Messina, onde impedirne l'aggira-mento nemico da tergo.

La nuova linea difensiva partiva da ovest verso est da Gesso, giungendo a colle Sarrizzo e Puntale Pistorio e valicando la dorsale dei monti Peloritani costeggiava la fiumara Boccetta e in direzione sud aggirava il Castellaccio sul fianco sinistro. Da qui si estendeva sino a Porta Imperiale e poi dal castello Gonzaga giungeva alla strada di Campanaro Lungo e quindi alle Moselle, arrivando ad est sino alla cinta daziaria, nei pressi del bastione Don Blasco.

La progressione garibaldina e l'ingresso a Messina

La strategia delle forze garibaldine frammiste a quelle piemontesi ben armate ed equipaggiate, era di prendere Messina attuando una diversione, ovvero attirare la guarnigione nemica in un dato punto, per poi entrare da un altro. Per tali motivi il 4 luglio il Comando superiore borbonico, tra il malcontento dei soldati causato dagli ordini giudicati eccessivamente attendisti, richiese al Ministero della guerra (maresciallo di campo e ministro Pianell[3]) maggiore libertà di azione per un eventuale attacco, e tramite il colonnello Anzani appositamente venuto da Napoli, altri 4 battaglioni di cacciatori e una mezza batteria di cannoni rigati.

[3] Che diventerà uno dei più noti generali del Regio Esercito Italiano, distinguendosi a Custoza e contribuendo alla stesura dei piani generali di difesa dello Stato.

Nel contempo il Clary chiese invano di essere sollevato dal comando e destinato ad altro incarico. Il 10 luglio la pirofregata borbonica *Veloce* in rotta verso Milazzo, disertò con 41 marinai e il suo comandante Anguissola[4]. Giorno 6 si ebbero altri scontri a fuoco negli avamposti nei pressi del castello Gonzaga e Puntale Pistorio[5]. Il 10 giunse via mare a Messina la brigata borbonica del brigadiere Palmieri, composta dal 1°, 4° 6° e 7° Battaglioni cacciatori. Il 12 luglio Clary ottenne la libertà di azione del suo corpo d'esercito su Milazzo, minacciata dalle truppe nemiche. Il giorno successivo fu inviata una brigata al comando del colonnello Del Bosco (Fig. 5), composta dal 1°, 8°, e 9° Battaglioni cacciatori, la batteria n 13 con obici da 12 cm, uno squadrone di cacciatori a cavallo, un distaccamento di 40 pionieri, una di compagni d'armi, una d'ambulanza e i telegrafisti da impiegare per la riattivazione del telegrafo di Spadafora.

Gli ordini erano di raggiungere la guarnigione di Milazzo senza ingaggiare combattimenti col nemico, ed eventualmente ripiegare su Messina rinforzando le linee attestatesi tra Spadafora, Gesso, colle Sarrizzo e la città. La colonna procedette senza alcuna protezione della marina, ma solo da apposite avanguardie di mezzi battaglioni disposti lungo il tragitto tra Messina e Milazzo. Il 14 luglio la situazione della forza presente a Messina (cittadella, altre fortificazioni e avamposti) era la seguente:

- 1°, 2°, 3°, 4°, 5°, 7°, 14°, 15° Reggimenti di fanteria di linea;
- 4°, 5°, 6°, 7° Battaglioni di cacciatori;
- 4 Compagnie di artiglieria;
- 4 di carabinieri;
- 3 di pionieri;
- 3 Battaglioni cacciatori della Brigata del colonnello Bosco inviata a Milazzo.

All'alba del 14 la colonna Del Bosco partì da Messina (piano di Terranova) e si diresse verso Milazzo, sostando brevemente presso colle Sarrizzo e poi Gesso, da cui fu inviato un distaccamento del 5° Battaglione cacciatori nel sottostante villaggio di Bauso allo scopo di intercettare eventuali truppe nemiche. Le avanguardie misero in fuga alcuni uomini armati a piedi e a cavallo, e sospettando che a Bauso vi fossero ammassamenti nemici, furono inviate due compagnie di cacciatori suddivise in 3 colonne che avanzarono nel villaggio, riunendosi alla colonna giunta sulla strada principale. La spedizione raggiunse quindi il villaggio di Spadafora nel pomeriggio del 14, poco dopo che alcune centinaia di insorti si erano ritirate a seguito dell'arrivo delle forze borboniche. Nel pomeriggio del 15 la colonna giunse a Milazzo (Fig. 4) dopo aver lasciato a Spadafora 4 compagnie dell'8° Battaglione cacciatori. I primi scontri tra i reparti della colonna Del Bosco e quelli garibaldini e piemontesi suscitarono il risentimento del ministero napoletano. Questo infatti piuttosto ambiguamente da un lato lasciava libertà di azione, ma dall'altro ordinava di non effettuare attacchi per non interrompere le trattative diplomatiche in corso col Piemonte, che miravano anzitutto allo sgombero delle forze borboniche dalla Sicilia, nonché a impedire che Garibaldi sbarcasse sulla penisola.

Il Governo napoletano si limitò a protestare ufficialmente, ma ciò non bastò al Clary il quale mentre a Messina era come detto arrivata a rinforzo la Brigata Palmieri, lamentava il fatto che l'indecisione e l'ambiguità degli ultimi 45 giorni a Napoli, avevano di fatto impedito di agire per tempo contro il nemico per togliere ogni possibilità di avanzare e organizzarsi. Il 20 luglio un totale di circa 8000 garibaldini regolari supportati dalla ex pirofregata borbonica *Veloce*, ribattezzata *Tuckery* (comandante Liporachi) attaccò Milazzo, difesa da circa 1800 borbonici. Tutto ciò nella immobilità delle navi della Squadra borbonica presenti, al comando del brigadiere di marina Salazar, che ritenne op-

[4] A seguito di ciò i due fratelli, ufficiali di stanza a Messina, chiesero al maresciallo Clary di essere degradati a soldati semplici, ma la richiesta fu respinta. Ad ottobre uno dei due fratelli, già colonnello, sarà promosso brigadiere nonché comandante superiore del castello del SS. Salvatore.

[5] GAETA 1862, pp. 6, 9, 10 11, 12, 19.

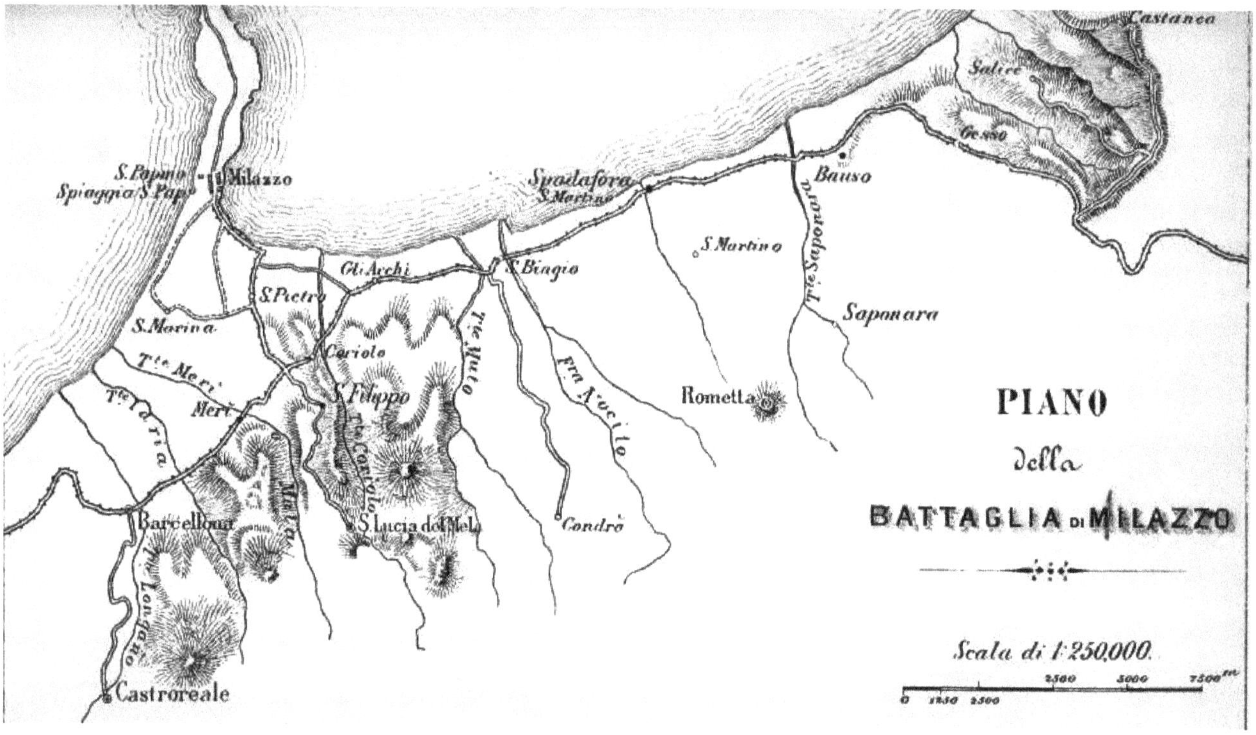

Fig. 4 I luoghi della battaglia di Milazzo e la strada che valicando le colline occidentali giunge sino a Gesso, permettendo di discendere a Messina. Il tracciato fu seguito sia dal corpo di spedizione comandato dal col. Del Bosco verso Milazzo, sia dai garibaldini in direzione opposta per arrivare a Messina (da GUERZONI 1882)

portuno andare a visitare l'ammiraglio nemico Persano, riferendogli che la presa di Messina e di ogni altro sito fortificato siciliano non sarebbe stata difficile, poiché era ormai stato deciso l'abbandono della la Sicilia[6]. La dura battaglia si concluse con la capitolazione borbonica giorno 23 (eseguita il 24) della piazzaforte comandata dal colonnello Pironti, a favore dei garibaldini che subirono circa 800 perdite contro 1230 avversarie.

Le precedenti preoccupazioni del colonnello Del Bosco circa una forza insufficiente per difendere Milazzo, si erano avverate così come il previsto mancato invio di rinforzi da Messina che Clary di fatto aveva organizzato, ma che il ministro della guerra vanificò dando ordine della capitolazione di Milazzo in previsione dell'abbandono dell'isola. Alle 4 pomeridiane del 24 Clary diede l'ordine di ritirare gli avamposti collinari di Messina verso il piano di Terranova e nella cittadella, lasciando di fatto libero il passaggio alle truppe garibaldine. Non è un caso se due ore dopo gli ultimi reparti borbonici del 4° Battaglione cacciatori al comando del tenente colonnello Della Rocca, impegnarono aspri combattimenti con le avanguardie garibaldine del colonnello Interdonato (Brigata Fabrizi), negli avamposti del colle Sarrizzo e Puntale Pistorio. Della Rocca già dalla mattinata aveva chiesto rinforzi, viveri e artiglierie da montagna, ma una staffetta partita dalla Cittadella gli comunicò l'ordine di ritirarsi verso il piano di Terranova[7].

In totale a Messina vi era una forza complessiva di 13000 uomini, in massima parte destinati a essere trasferiti in Calabria. Il 25 le prime avanguardie garibaldine al comando del maggior generale Medici[8] (Fig. 7) giunsero alle porte di Messina nel frattempo ripopolata, mentre il giorno successivo Clary e Medici stipularono la convenzione di resa composta da sette articoli e conclusa il 28 presso una villa nel centro città.

---

[6] PERSANO 1870, pp. 94,95,98.
[7] GAETA 1862, p. 33.
[8] Accompagnato da un ex ufficiale borbonico.

Fig. 5 Il brigadiere Francesco Cobianchi (a sinistra) e il colonnello Ferdinando Beneventano Del Bosco (da GAETA 1862; ABBA 1940)

Il giorno 27 dopo la Brigata Medici, Garibaldi fece il suo ingresso a Messina mentre a seguito della convenzione, le truppe borboniche lasciarono i presidi dei castelli Gonzaga, Castellaccio e della Torre del Faro per ritirarsi nelle residue fortificazioni ubicate nella zona del porto falcato (Fig. 8). Le truppe garibaldine entrarono in città senza combattimenti, potendo occuparsi della fortificazione della costa settentrionale sicula con varie batterie (Fig. 6) e organizzarsi per sbarcare in continente attraverso lo Stretto. Tuttavia il desiderio di Garibaldi di atterrare in Calabria prima del 15 agosto, non si potrà avverare a causa della sorveglianza, per quando parziale, della marina borbonica e la forza schierata sulla sponda calabra.

Fig. 6 Xilografia raffigurante lo scambio di colpi avvenuto nell'agosto del 1860 nello Stretto di Messina tra una pirofregata borbonica e una batteria garibaldina eretta a Torre del Faro, armata con cannoni obici da 60 libbre Millar a bomba, incavalcati su affusti da costa a cassa su sott'affusti a striscio. I grossi pezzi furono smontati dalla ex pirofregata borbonica *Veloce*, ribattezzata *Tuckery*. I serventi sono infatti i marinai della nave, passati con i garibaldini insieme al loro comandante (collezione Donato)

Fig.7 Roma, cimitero del Verano. Tombe dei generali Medici e Cosenz (foto Donato)

Fig. 8 In alto il castello Gonzaga, in basso il complesso fortificato della Torre del Faro e uno dei quatro bastioni angolari del Castellaccio. Tali opere nel luglio 1860 a seguito della convenzione Clary-Medici, furono sgomberate e consegnate ai garibaldini (foto Donato)

L'arrivo dell'esercito piemontese e l'inizio dell'assedio

Nell'agosto 1860 le l'esercito borbonico dislocato sulla penisola sommava circa 100000 uomini, di cui 24000 sulle coste calabre. Le forze garibaldine giunte sull'isola con vari sbarchi, contavano un totale di 8285 unità. Nello specifico:

- 1085 sbarcati a Marsala;
- 2055 con la spedizione di Medici;
- 1600 con la spedizione di Cosenz (Fig. 6);
- 1600 con altre spedizioni;
- 1500 con la spedizione di Sacchi[9].

Intanto il 27 a Messina era stato sciolto il Corpo d'Esercito Borbonico, di cui una parte rimaneva nei presidi del porto falcato e un'altra veniva trasferita in continente[10]. Le fortificazioni borboniche residue (Fig. 9) erano tutte ubicate del porto falcato naturale. Procedendo da sud a nord: il bastione don Blasco, la lunetta Carolina, la Cittadella (presidio principale), la batteria della Lanterna e il castello del Santissimo Salvatore[11]. Il piano di Terranova, situato a sud della Cittadella, era la zona neutrale che definiva il confine tra i rispettivi territori occupati dalle due fazioni. Il 9 agosto Clary, dopo vari incontri con Garibaldi e Medici lasciò il comando delle piazze di Messina, Siracusa e Augusta al brigadiere Fergola, già ispettore di artiglieria della Cittadella, il quale senza ordini precisi riformò lo Stato Maggiore provvisorio. La situazione della forza borbonica alla data del 9 agosto era la seguente:

Cittadella		**Castello del Santissimo Salvatore**		**Forte lanterna**		**Lazzaretto**	
Stati Maggiori Generale e Territoriale		*Artiglieria*		*Distaccamento di Artiglieria*		*Cannonieri marinai*	
Ufficiali 26	//	Ufficiali 4	Truppa 84	Ufficiali 1	Truppa 24	Ufficiali 1	Truppa 82
Corpo politico di Artiglieria		*Corpo Politico di Artiglieria*		*Corpo politico di Artiglieria*		*Personale ambulanze*	
Ufficiali 11	//	Ufficiali 2	//	Ufficiali 1	//	Ufficiali 16	Truppa 38
Genio		*Artefici di Artiglieria*		*7° Reggimento di linea*		*Veterani*	
Ufficiali 26	Truppa 308	//	Truppa 4	Ufficiali 2	Truppa 40	//	Truppa 1
Corpo Telegrafico		*Genio*		*Veterani*		*Presidiari*	
Ufficiali 4	Truppa 6	Ufficiali 3	Truppa 76	//	Truppa 1	//	Truppa 4
Artiglieria		*7° reggimento di linea*		*Presidiari*		**Totale Ufficiali 17 Totale Truppa 125**	
Ufficiali 12	Truppa 287	Ufficiali 25	Truppa 1090	//	Truppa 4		
Artefici d'artiglieria		*Veterani*					
//	Truppa 22	//	Truppa 2				

Segue tabella →

[9] Un rapporto del 25 giugno a cura del Clary, citato nel volume *Cronaca-Sicilia* 1863, afferma che il giorno 22 erano a Palermo due reggimenti regolari piemontesi e che tra maggio e giugno giunsero in Sicilia 20000 uomini comandati da ufficiali o politici piemontesi.

[10] *Cronaca-Sicilia* 1863, pp. 160-169, 171-178, 181-188, 190-198, 207-249.

[11] GAETA 1862, pp. 36-42.

<table>
<tr><th colspan="2">Cittadella</th><th colspan="2">Castello del Santissimo Salvatore</th><th>Forte Lanterna</th><th>Lazzaretto</th></tr>
<tr><td colspan="2">3° Reggimento di linea</td><td colspan="2">Presidiari</td><td rowspan="2"></td><td rowspan="8"></td></tr>
<tr><td>Ufficiali 29</td><td>Truppa 1014</td><td>//</td><td>Truppa 4</td></tr>
<tr><td>Ufficiali 32</td><td>Truppa 1006</td><td colspan="2">Totale Ufficiali 35
Totale Truppa 1260</td><td>Totale Ufficiali 4
Totale Truppa 65</td></tr>
<tr><td colspan="2">Veterani</td><td colspan="3" rowspan="7"></td></tr>
<tr><td>Ufficiali 1</td><td>Truppa 8</td></tr>
<tr><td colspan="2">Compagni d'armi</td></tr>
<tr><td>Ufficiali 1</td><td>Truppa 42</td></tr>
<tr><td colspan="2">Presidiari</td></tr>
<tr><td>//</td><td>Truppa 10</td></tr>
<tr><td colspan="2">Commissario di guerra
1</td></tr>
<tr><td colspan="2">Totale Ufficiali 143
Totale Truppa 2703</td><td colspan="4">Totale generale:
Ufficiali 199 - Truppa 4153</td></tr>
</table>

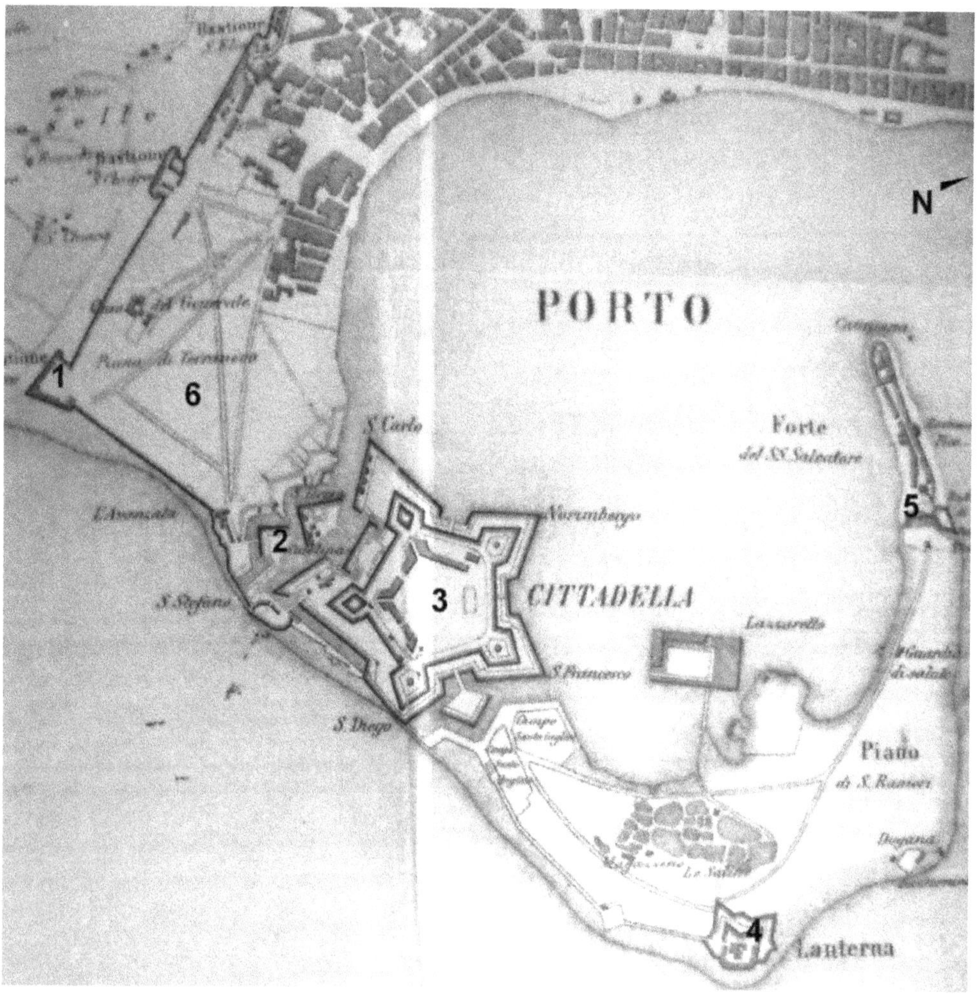

Fig. 9 Pianta delle residue fortificazioni borboniche a partire dal luglio 1860. 1.bastione Don Blasco; 2. lunetta Carolina; 3.Cittadella; 4.batteria della Lanterna; 5. castello del SS. Salvatore; 6. piano di Terranova (collezione Riccobono, foto-elaborazione Donato)

Il 17 agosto la tregua dalla convezione del 28 luglio, fu violata dal fuoco di moschetteria garibaldina contro le truppe borboniche schierate nel piano di Terranova, ma subito rientrata con le scuse del generale Medici. Egli il 21 a seguito di alcune cannonate tirate dalla cittadella, emanò un proclama per calmare la cittadinanza, intimando di rispettare la convenzione ed evitare provocazioni, che tuttavia proseguirono sino alla fine di settembre con scaramucce varie. Nel frattempo i garibaldini continuavano a ricevere armi, munizioni e rinforzi da navi inglesi e francesi. Il 19, visti i precedenti insuccessi circa gli sbarchi attraverso lo Stretto, giunti a Giardini Naxos atterrarono sulla penisola presso Melito Portosalvo (RC), aggirando così da sud lo Stretto di Messina. Il 4 settembre Cavour ordinò al vice ammiraglio Persano di recarsi ad Ancona e successivamente a Messina. Il 6 si arrendeva arbitrariamente la Piazza di Siracusa al comando del brigadiere Locascio. Il 17 fu la volta della Piazza di Augusta comandata dal colonnello Tonson Latour.

Nel frattempo la Cittadella di Messina era spesso minacciata da attacchi degli avamposti garibaldini e da proclami invitanti alla diserzione. Il 24 erano ritornati da Gaeta gli ufficiali della commissione partita il 10. Essa riportava l'aggiunta di un articolo alla convenzione del 28 luglio, che contemplava l'impegno della città di fornire i viveri alla Cittadella. Tuttavia il 7 ottobre un decreto dittatoriale ordinò per il 15 il blocco totale delle Piazze di Messina e Gaeta. Il 31 il brigadiere Fergola fu promosso al grado di maresciallo di campo, il colonnello Anguissola a brigadiere, i maggiori Guillamat e Recco (Fig. 30) a tenente colonnello, mentre il colonnello De Stefanis (a dicembre promosso brigadiere), assumeva la direzione dei lavori nella piazza, nonché le funzioni di ispettore del Genio.

Il 14 settembre cadeva Perugia e il 29 terminava l'assedio della Piazza di Ancona e la campagna piemontese nell'Umbria e nelle Marche. Iniziava così quella dell'esercito di operazione nella bassa Italia. I piemontesi varcati il Tronto e l'Appennino, dirigevano dunque le azioni contro l'esercito borbonico, accampato sul Volturno e già fronteggiato dai volontari di Garibaldi. Il 28 ottobre fu investita la piazza di Capua che si arrese il 2 novembre e 10 giorni dopo iniziava l'assedio di Gaeta. L'esercito (Fig. 10) di operazione con relativi Comandi era così composto:

<table>
<tr><td colspan="2">Comandante in Capo
S.M. Vittorio Emanuele II (Fig. 12)</td></tr>
<tr><td colspan="2">Quartier Generale Principale
Capo di SM generale d' armata Fanti</td></tr>
<tr><td>Comando Superiore del Genio
luogotenente generale Menabrea</td><td>Comando Superiore dell'Artiglieria
luogotenente generale
Valfrè di Bonzo</td></tr>
<tr><td>Intendenza Generale d'Armata
luogotenente generale della Rovere</td><td rowspan="2">Corpo Sanitario
Medico Capo: Comisetti</td></tr>
<tr><td>R. Carabinieri
luogotenente colonnello Trotti</td></tr>
<tr><td colspan="2">Parco Principale del Genio Militare
maggiore Riccardi</td></tr>
<tr><td colspan="2">4° Corpo d'Armata
generale d'armata Cialdini</td></tr>
</table>

Segue tabella →

<table>
<tr><td colspan="2">Cavalleria maggior generale Griffini</td><td colspan="2">Artiglieria colonnello Franzini Tibaldeo</td></tr>
<tr><td colspan="2">Treno maggiore Reggiani</td><td colspan="2">Genio luogotenente colonnello Belli</td></tr>
<tr><td colspan="2">Intendente Militare: cav. Alliaud</td><td colspan="2">Medico capo: cav. Cortese</td></tr>
<tr><td colspan="2">4ª Divisione
luogotenente generale
Pes di Villamarina del Campo</td><td colspan="2">7ª Divisione
maggior generale Leotardi</td></tr>
<tr><td>Brigata Regina
maggior generale
Avenati
9° e 10° reggimento di fanteria</td><td>Brigata Savona
maggior generale Regis
13° e 16° reggimento di fanteria</td><td>Brigata Como
maggior generale Cugia</td><td>Brigata Bergamo
maggior generale
Avogadro di Casanova</td></tr>
<tr><td colspan="2">6° e 2° Battaglione bersaglieri, 1ª e 2ª Batteria° del Reggimento di artiglieria, 6ª Compagnia del 2° Reggimento zappatori del genio, distaccamento del treno</td><td colspan="2">11° e 12° Battaglione bersaglieri; 4ª e 5ª Batteria del 3° Reggimento di artiglieria; 2ª Compagnia del 2° Reggimento zappatori del genio</td></tr>
<tr><td>Brigata Pistoia
maggior generale
Chiabrera
35° e 36° Reggimento di fanteria</td><td>Brigata di Cavalleria
maggior generale Griffini
Reggimento lancieri di Novara e di Milano</td><td>Artiglieria di riserva
3ª e 6ª Batteria del 5° Reggimento; 4ª e 6ª batteria del 2° Reggimento
Parco del Genio
8ª Compagnia del 2° Reggimento zappatori</td><td>Parco di Artiglieria
3ª Compagnia del 1° Reggimento, 8ª, 9ª, 12ª, 5ª Compagnia del 2° Reggimento, 2ª, 4ª, 5ª, 9ª,10ª Compagnia del 3° Reggimento, 4ª,5ª,6ª,8ª,10ª del 4° Reggimento</td></tr>
<tr><td colspan="4">5° Corpo d'Armata
generale d'armata Morozzo Della Rocca</td></tr>
<tr><td colspan="2">Artiglieria luogotenente colonnello Bottacco</td><td colspan="2">R. Carabinieri maggiore Pedrini</td></tr>
<tr><td colspan="2">Treno capitano San Martino di Strambino</td><td colspan="2">Medico Capo cav. Bima</td></tr>
<tr><td colspan="2">Intendente Militare
cav. Peyron</td><td colspan="2"></td></tr>
<tr><td colspan="2">1ª Divisione
luogotenente generale Gerbaix de Sonnaz</td><td colspan="2">14ª Divisione
maggior generale Brignone</td></tr>
<tr><td>Brigata Granatieri di Sardegna
colonnello brigadiere
Gozani di Treville
1° e 2 Reggimento</td><td>Brigata Granatieri di Lombardia
maggior generale Isasca
3° e 4° Reggimento</td><td>Brigata del Re
maggior generale Pernot
1° e 2° Reggimento</td><td>Brigata Aosta
maggior generale
Ricotti Magnani
5° e 6° Reggimento</td></tr>
<tr><td colspan="2">14° e 24° Battaglione bersaglieri; 5ª e 6ª Batteria dell'8° Reggimento di artiglieria</td><td colspan="2">1° e 16° Battaglione bersaglieri; 6ª e 11ª Batteria dell'11° Reggimento di artiglieria</td></tr>
</table>

Segue tabella →

<table>
<tr><td colspan="2">Divisione di Cavalleria
luogotenente generale Bracorens di Savoiroux
Comandante la brigata colonnello Quadro di Ceresole
Reggimenti Nizza e Piemonte Reale</td></tr>
<tr><td>Parco d’Artiglieria
maggiore Mattei
1ª Compagnia del 2° Reggimento; 3ª e 7ª Compagnia del 3° Reggimento; 2ª Compagnia del 4° Reggimento</td><td>Parco del Genio
luogotenente Codebò
10ª,11ª,12ª, Compagnia del 2° Reggimento[12]</td></tr>
</table>

Fig. 10 Ufficiali piemontesi di varie specialità nel 1860. Da sinistra verso destra: capitano del corpo reale del genio; tenente dei bersaglieri; tenente del corpo dei moschettieri; tenente generale; maggior generale; tenente colonnello di SM; maggiore e capitano di fanteria (da CENNI 2009)

Mentre avvenivano tali fatti la Sicilia si trovava nel caos politico e amministrativo. Il 27 novembre era intanto sbarcata a Messina la Brigata piemontese Pistoia (Fig. 38), comandata dal maggior generale Chiabrera, composta dal 35° e il 36° Reggimento (col. Emanuele) appartenente alla 7ª Divisione del 4° Corpo d’Armata. Il 3 dicembre la Sicilia (luogotenente Montezemolo) fu ufficialmente annessa al Piemonte. Lo stesso giorno il generale Negri, aiutante di campo di Vittorio Emanuele II, giunse presso la Cittadella per conferire col maresciallo Fergola e chiedere invano la capitolazione una volta caduta Gaeta. A gennaio arrivarono da Gaeta circa un migliaio di civili. Il 2 febbraio giunsero aiuti alla Cittadella e il 12 il ten. colonnello Guillamat, assunse il comando della

[12] *Genio* 1864, pp. 89-93.

13ª Direzione di artiglieria e fu nominato capo di SM della Cittadella, con sottocapo il capitano Cavaliere. Il 13 febbraio cadeva Gaeta, sotto assedio dal mese di novembre. Restavano così soltanto due Piazze borboniche in tutto il regno, cioè Messina (ultima in Sicilia) e Civitella del Tronto.

Intanto il generale Chiabrera mediante la missiva inviatagli dal generale Cialdini, intimò al maresciallo Fergola di arrendersi per evitare un pesante assedio, ricevendo però risposta negativa. Il 21 febbraio mentre fervevano i lavori di difesa dei presidi borbonici e l'apprestamento delle artiglierie, il ten. col. Recco già comandante delle artiglierie del castello del SS. Salvatore, fu nominato sotto ispettore di artiglieria, mentre il parigrado Guillamat comandante delle artiglierie della Cittadella. Questo il 24 fece innalzare una batteria di 4 colubrine da 24 sul fianco sinistro del forte della Lanterna, al comando del capitano Falduti (Fig. 30). Nel frattempo era stata completata la linea telegrafica elettrica che collegava tutti i presidi.

Il 21 febbraio Cialdini emanò le prime disposizioni per la formazione e l'imbarco del corpo di spedizione preposto all'assedio, in partenza da Mola di Gaeta. Il 23 il comandante superiore di Artiglieria, Valfrè di Bonzo, emanò l'ordine del giorno che assegnava i seguenti Comandi:

<table>
<tr><td colspan="2">Parco d'assedio
Comandante maggiore Mattei</td></tr>
<tr><td colspan="2">Addetto capitano Pelloux</td></tr>
<tr><td colspan="2">Aiutante Maggiore luogotenente Galli
Contabile Toesta</td></tr>
<tr><td colspan="2">Aiutante Contabile Cadeddu</td></tr>
<tr><td>1ª Brigata (7° Rgt. di artiglieria)
Comandante maggiore Bianchi
7ª Compagnia capitano Cavalli
8ª Compagnia capitano Baravalle
9ª Compagnia capitano Uccelli
12ª Compagnia capitano Petrini</td><td>2ª Brigata (3° Rgt. di artiglieria)
Comandante maggiore Vassalli
2ª Compagnia capitano Gusberti
3ª Compagnia luogotenente Persi
5ª Compagnia capitano Vinay</td></tr>
<tr><td colspan="2">Distaccamento d'artisti di maestranza luogotenente Maccagno
Distaccamenti artiglieria sottotenenti Bernard e Ravizza
Distaccamenti pontieri luogotenente Brignone; sottotenente Antola</td></tr>
</table>

Segue tabella →

#

Artiglierie del parco d'assedio 23 cannoni da 40 F (ferro) rigati 4 cannoni da 40 F lisci 10 cannoni da 16 B (bronzo) rigati da campagna 6 cannoni B rigati da muro 12 mortai F da 27 cm
Totale: 55 pezzi con 500 colpi ciascuno
Comandante della Squadra navale Viceammiraglio Persano

Il comandante superiore del genio, luogotenente generale Menabrea invece predisponeva i seguenti comandi:

<table>
<tr><td colspan="2">Genio tenente colonnello Belli
Direttore dei lavori maggiore Doix
Applicato luogotenente Mussini
Incaricato della contabilità sottocommissario Cambiaggio#</td></tr>
<tr><td rowspan="2">Distaccamento del 1° Rgt. zappatori del genio
1ª Compagnia capitano San Vitale
2ª Compagnia capitano Contarini
4ª Compagnia capitano Spinola</td><td>Distaccamento del 2° Rgt. zappatori del genio
3ª Compagnia capitano Brunetti
5ª Compagnia capitano Correnti
6ª Compagnia capitano Ricchini</td></tr>
<tr><td>Comandante del genio dell'Esercito meridionale: maggiore De Benedictis[13]</td></tr>
</table>

Il quartier generale arrivò presso il porto della città la notte del 25, sbarcando il mattino seguente. Ciò avvenne grazie a una convenzione verbale tra il comandante militare della città e quelli della Cittadella e della provincia, che consentiva la libera circolazione di qualsiasi nave. Il corpo di spedizione apparteneva al 4° corpo d'armata del generale Cialdini, il quale era anche comandante dell'assedio. Esso si componeva di:

- 4 Battaglioni di fanteria;
- 4 Battaglioni di bersaglieri;
- 7 Compagnie di artiglieria;
- 6 Compagnie di zappatori del genio.

Il comandante della fanteria era il maggior generale Avenati, già a capo della Brigata Regina; dell'artiglieria il luogot. generale Valfrè di Bonzo, già comandante superiore dell'artiglieria del Corpo di spedizione; del genio il luogot. colonnello Belli.

Il 24 arrivarono i 4 Battaglioni dei bersaglieri con la pirofregata *Carlo Alberto*. Il 25 alcune Compagnie del genio con la pirofregata *Vittorio Emanuele* e il 26 il 9° Reggimento di fanteria, col pirovascello *Re Galantuomo*[14] (già pirovascello borbonico *Monarca*). Lo stesso giorno 26 il

[13] *Genio* 1864, pp. 374, 384, 389, 390.
[14] VALFRÈ 1864, pp. 209, 210, 211, 212, 218.

comandante dell'assedio effettuò una ricognizione del terreno circostante la piazza nemica e la sera riunì i comandati del genio, artiglieria e marina per studiare la migliore e celere soluzione e impartire i relativi ordini[15]. Le truppe e il materiale per l'assedio furono fatti sbarcare a sud di Messina presso Contesse (Fig. 11), zona sicura che si prestava a tali attività. Del resto nel 1848 nello stesso luogo erano sbarcate le truppe borboniche del ten. gen. Filangieri, per il riacquisto di Messina e della Sicilia. Le truppe dovevano acquartierarsi sulla via principale per Catania, nelle zone comprese tra Contesse, Tremesteri e il Noviziato.

Si giunse alla conclusione che a causa della conformazione del terreno e della tipologia delle difese vicine borboniche, fosse difficile un attacco da terra e molto più efficace un cannoneggiamento. Ciò era possibile sistemando batterie basse e in quota che battessero il fronte di terra borbonico, corrispondente al fronte sud col bastione Don Blasco, la lunetta Carolina e alle opere meridionali della Cittadella. Ciò era suggerito dal fatto che le vecchie fortificazioni borboniche fossero tutte armate con batterie scoperte di altrettanto vecchi pezzi di artiglieria ad anima liscia, nonché dominate dalle colline sulle quali era possibile armare batterie di artiglieria di grosso calibro lisce e rigate per colpire facilmente gli obiettivi nemici con tiro anche d'infilata, di schiancio o di rovescio[16]. Attuando questa tattica, gli ufficiali piemontesi prevedevano che la piazza avversaria sarebbe caduta in poco tempo. Inoltre era stata formata una commissione di ufficiali del genio e dell'artiglieria, per studiare gli effetti dei proietti cilindro ogivali sugli obiettivi, in modo particolare il bastione Don Blasco[17]. Questo era anche l'obiettivo dell'unica azione piemontese prevista via terra (poi non attuata), ovvero l'incursione che mirava a sgomberarlo dal nemico per poi procedere attraverso la spiaggia verso nord, giungendo direttamente presso il bastione San Diego della Cittadella e scalarlo. Fu inoltre disposto al fine di prevenire sortite nemiche provenienti dal piano di Terranova e la Cittadella, di stabilire truppe di fanteria e guardia nazionale munite di barricate, mentre una sezione di cannoni da 4 fu sistemata a piazza duomo. Inoltre una sezione di obici fu posizionata presso la spiaggia di Zaera e due cannoni da 12 presi presso il castello Gonzaga, sistemati in difesa costiera presso Contesse contro eventuali incursioni delle cannoniere avversarie.

Fig. 11 Messina, spiaggia di Contesse, nella quale nel febbraio 1861 sbarcarono il Corpo di spedizione per l'assedio e il Quartiere generale piemontese (foto Donato)

---

[15] *Genio* 1864, pp. 371, 389.

[16] Ovvero tiri diretti sui fianchi, obliquamente o nelle parti retrostanti le installazioni.

[17] *Genio* 1864, p. 46

Fig. 12 Da sinistra Vittorio Emanuele II, comandante in capo dell'esercito di operazione; i generali Fanti, Capo di SM; Menabrea, comandante superiore del Genio; Valfrè di Bonzo, comandante superiore dell'Artiglieria; Della Rovere, intendente generale e Cialdini, comandante del 4° corpo d'armata (da BESERZIO 1861; *Cialdini* 1861; CARANDINI 1872)

Caratteristiche e comandi delle fortificazioni borboniche di Messina

I presidi permanenti occupati dall'esercito borbonico, seppur con le modifiche apportate nei secoli successivi, risalivano in massima parte all'epoca rinascimentale. Partendo da sud, il bastione Don Blasco (Fig. 13) fu eretto verso la metà del Cinquecento, nell'ambito del piano spagnolo di fortificazione della Sicilia vicereale (ingegnere Ferramolino), come estrema difesa sudorientale di un nuovo tratto di cinta muraria, aggiunto a quella già esistente. La lunetta Carolina (Fig. 14) fu invece edificata nel 1770 a rinforzo del fronte meridionale della Cittadella e intitolata alla moglie di Ferdinando IV di Borbone, Maria Carolina d'Asburgo Lorena, sorella di Maria Antonietta, moglie del Re di Francia Luigi XVI.

La Cittadella (da fig. 15 a 23) fu realizzata verso il 1683 regnante Carlo II di Spagna, durante il viceregno di Francisco de Benavides, conte di Santo Stefano. Progettata dall'ingegnere colonnello fiammingo Carlos de Grunenbergh, rappresentava un vero capolavoro di ingegneria militare, rispondente alla scuola fortificatoria olandese. Si trattava infatti di una imponente fortezza bastionata, bassa e ampia a pianta stellare, dotata di cinque bastioni, due rivellini, falsebraghe, controguardie e fossati acquei, che ancora nel XIX secolo la rendevano sostanzialmente imprendibile da terra. Nel 1860-1861 la Cittadella era già stata protagonista di ben tre precedenti assedi, nel 1719, 1734 e 1848.

La torre della Lanterna (Fig. 24) invece fu eretta verso la metà del Cinquecento al posto di una preesistente opera. Successivamente sul fronte di mare fu aggiunto un blocco casamattato a forma diferro di cavallo, per artiglierie protette e a cielo scoperto. Infine il castello del Santissimo Salvatore (figg. 25,26,27,28), opera costruita a metà del Cinquecento sulla cuspide del porto falcato, fu varie volte modificata. Il castello era dotato di ingresso protetto da bastioni e puntoni, dai quali si dipartono due lunghe cortine (quella meridionale non più esistente) con troniere e cannoniere, interrotte da altri due bastioni di minori dimensioni, che riprendono giungendo sino alla batteria Campana, opera semicircolare per artiglierie in casamatta e a cielo scoperto.

Nel marzo 1861 i Comandi borbonici erano così distribuiti:

Piazza di Messina 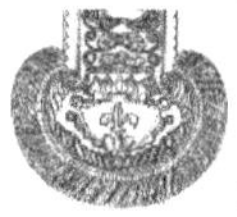 maresciallo di campo *Fergola*	
Cittadella  brigadiere *De Martino*#	
Capo dello SM e direttore delle artiglierie  tenente colonnello *Guillamat*	
Opera principale intera 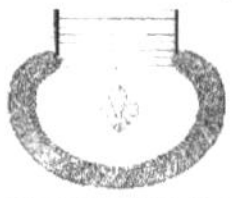 capitani *Di Gennaro* e *Buonocore*	**Porta principale** 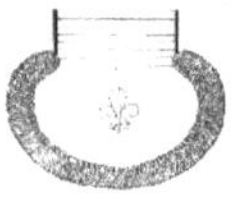 1° tenente *Rinaldi*
Bastione San Carlo  2° tenente *Gaeta*	**Fronte di città**  alfiere *Huber*
Fronte di mare e bastione Santo Stefano 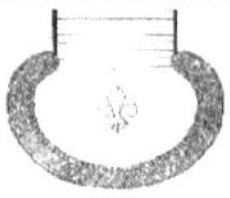 capitano di marina *Lauria*	**Avanzata e rivellino Santa Teresa** 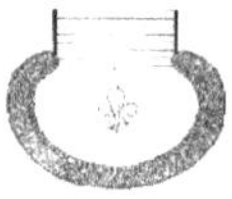 capitano *Perez de Vera*; 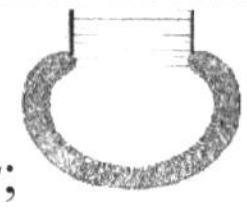 2° tenente *Cuomo*, 2° tenente *Pizzuto*
Lunette San Francesco 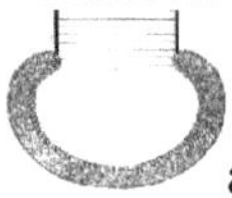 alfiere *Boccalone*  2° tenente *Galati*  1°sergente *Di Gennaro* 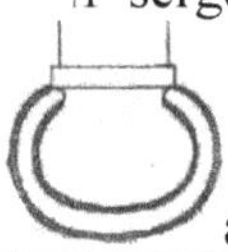 aiutante *Jafolla*	**Batterie nuove al piano di controguardia Santo Stefano** 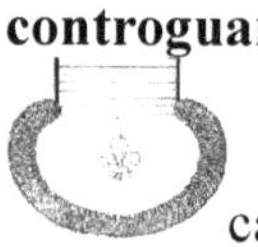 capitano D'*Avidio* 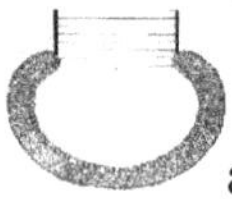 alfiere *Lacaprara,* 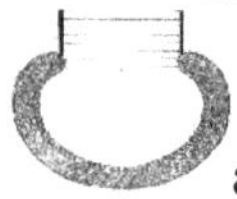 alfiere *Colombo*
Batterie nuove al piano di S. Stefano batteria Fergola: aiutante *Ardito* batteria De Martino:  1° sergente *Gaeta* batteria Guillamat:  1° sergente *Campione*	**Controguardia San Carlo** due ufficiali e l'aiutante *Principe*

Segue tabella →

<table>
<tr><td colspan="2">Falsabraga San Carlo
2° tenente Fucito</td><td colspan="2" rowspan="2">Falsabraga Norimberga
2° tenente Pandolfi</td></tr>
<tr><td colspan="2">Avanzata di porta Grazia
2° tenente Pacella</td></tr>
<tr><td>Castello del SS. Salvatore
comandante superiore
brigadiere Anguissola
comandante delle artiglierie
tenente colonnello Recco</td><td>Bastione Don Blasco
capitano Valestra
1° tenente Del Bono</td><td>Lunetta Carolina
capitano La Monica</td><td>Batteria della lanterna
capitano Falduti</td></tr>
</table>

TAVOLA DI COMPENDIO

Carta raffigurante l'assedio austro-piemontese di Messina nel 1719 (Anonimo, *Plan et attaques de la Citadelle de Messine par les Impériaux en l'année 1719*, s.l., s.d., Archivio di Stato di Torino, Sezione di Corte, carte Topografiche e Disegni, Carte Topografiche Segrete, Messine 26 D II Rosso; illustrazione da collezione Sconfienza)

Fig. 13 Le parti restanti del bastione Don Blasco oggi. Obiettivo principale delle artiglierie piemontesi, fu la prima fortificazione borbonica a cadere. In basso l'opera gravemente danneggiata dal terremoto del 1908 (foto Donato; foto Società Fotografica Italiana)

§ *Lunetta Carolina*

Fig. 14 Fronte meridionale e portale di ingresso, con iscrizione dedicata alla regina Maria Carolina d'Asburgo Lorena e ambienti interni; 2. fronte settentrionale con resti del portale d'ingresso; 3. fronte occidentale (foto Donato; da BEARNE 1907)

§ *Cittadella*

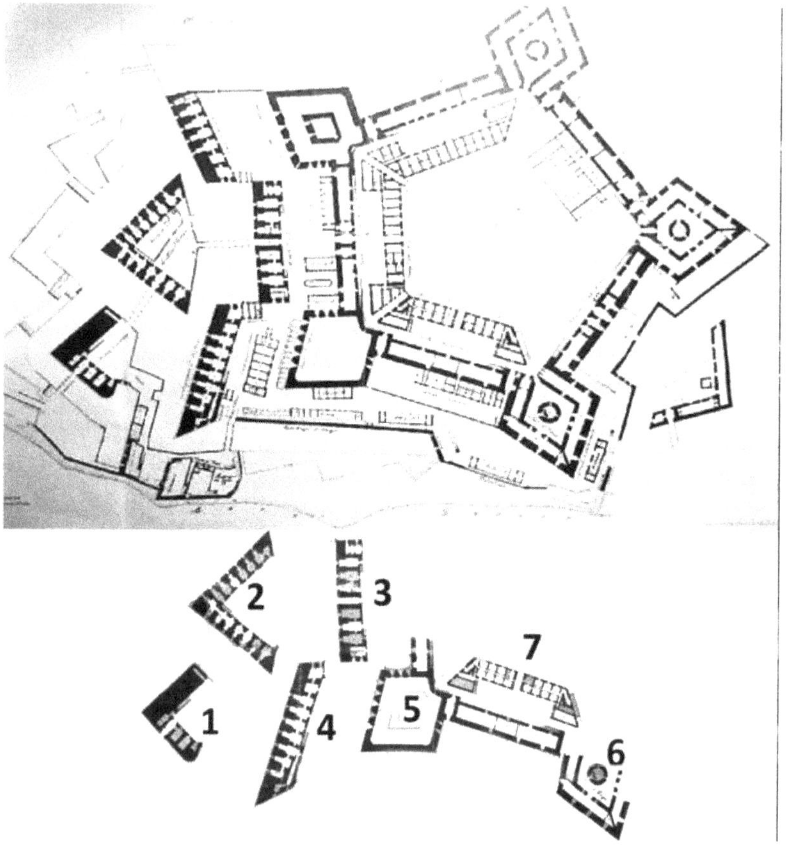

Fig. 15 In alto, pianta della Cittadella. Al centro e in basso ciò che in massima parte rimane oggi (da collezione Riccobono, foto-elaborazione Donato)

§ *Rivellino Santa Teresa, avanticortina Concezione, controguardia Santo Stefano*

Fig. 16 1. Rivellino Santa Teresa; 2. avanticortina Concezione con relativo portale (A); 3.controguardia Santo Stefano (foto Donato)

Fig. 17 A sinistra il portale d'ingresso dell'avanticortina Concezione. A destra foto di fine Ottocento, con il portale della cortina meridionale che congiungeva il bastione Santo Stefano al bastione San Carlo (non più esistente), e in fondo il portale dell'avanticortina Concezione. Il portale dell'avanticortina è ancora in loco seppur malridotto e interrato di circa 3 metri. Il portale della cortina meridionale invece non è più esistente, mentre della cortina rimane solo una minima parte (foto Donato; foto collezione Donato)

§ *Controguardia Santo Stefano*

Fig. 18 In alto a sinistra, l'opera oggi con accanto l'inceneritore da poco in parte demolito, e la ciminiera di una fabbrica, nel frattempo edificati. A destra faccia meridionale con i fori riferibili agli effetti degli intensi bombardamenti angloamericani effettuati in quest'area dal 1940-1943. In basso a sinistra una delle due cannoniere della faccia sudorientale. A destra ambiente interno (foto Donato)

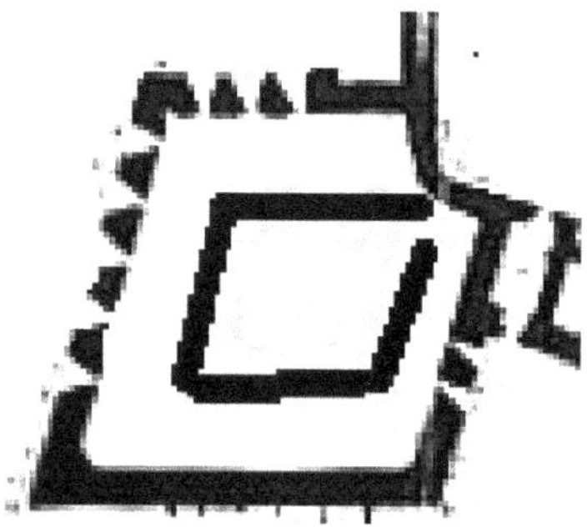

Fig. 19 Faccia meridionale del bastione (pieno) con relativo cavaliere quadrangolare; rampa di collegamento al cavaliere; esterno e ambienti interni; scala per il piano scoperto e foto del 1909 che ritrae la faccia sudorientale del bastione con relativo accesso a mezzo ponte. Si notano sullo spalto due cannoni di medio calibro (foto Donato; da *Memorie-Pistoia* 1909)

§ *Bastione San Diego*

Fig. 20 Resti delle facce orientale e meridionale con relativo cavaliere circolare (foto Donato)

§ *Falsebraghe e porte della cittadella*

Fig. 21 Fronte settentrionale della Cittadella. In alto immagine di fine Ottocento primi Novecento. Canale con la faccia occidentale del rivellino della Grazia (a sinistra) che difende l'ingresso attraverso l'omonima porta, inserita nella cortina che protetta dalla falsabraga, congiunge i bastioni San Diego e San Francesco (a destra). Oggi rimangono solo la porta Grazia e il bastione San Diego. In basso immagine delle scuderie della falsabraga San Diego, dopo i danni causati dal terremoto del 1908 (foto Società Fotografica Italiana)

Fig. 22 Immagini della porta Grazia, posta nella cortina settentrionale, congiungeva i bastioni San Francesco (non più esistente) e San Diego. A sinistra il portale ancora in loco negli anni Sessanta, prima di essere smontato e collocato presso una piazza cittadina, come indica la foto a destra (foto collezione Annuartio; foto Donato)

Fig. 23 A sinistra, foto di fine Ottocento del portale probabilmente appartenente alla cortina meriodinale non più esistente, che congiungeva i bastioni San Carlo e Santo Stefano. A destra foto di fine Ottocento della stazione dei ferryboats, con alle spalle i bastioni San Carlo e Nurembergh, oggi non più esistenti (foto collezione Donato)

§ *Batteria della lanterna*

Fig. 24 Messina. Pianta della lanterna risalente al XVII sec. e immagine odierna. (da Russo 1994, foto Donato)

Fig. 25 Pianta spagnola e particolari della cortina residua, del bastione e dell'orecchione settentrionali (da RUSSO 1994; foto Donato)

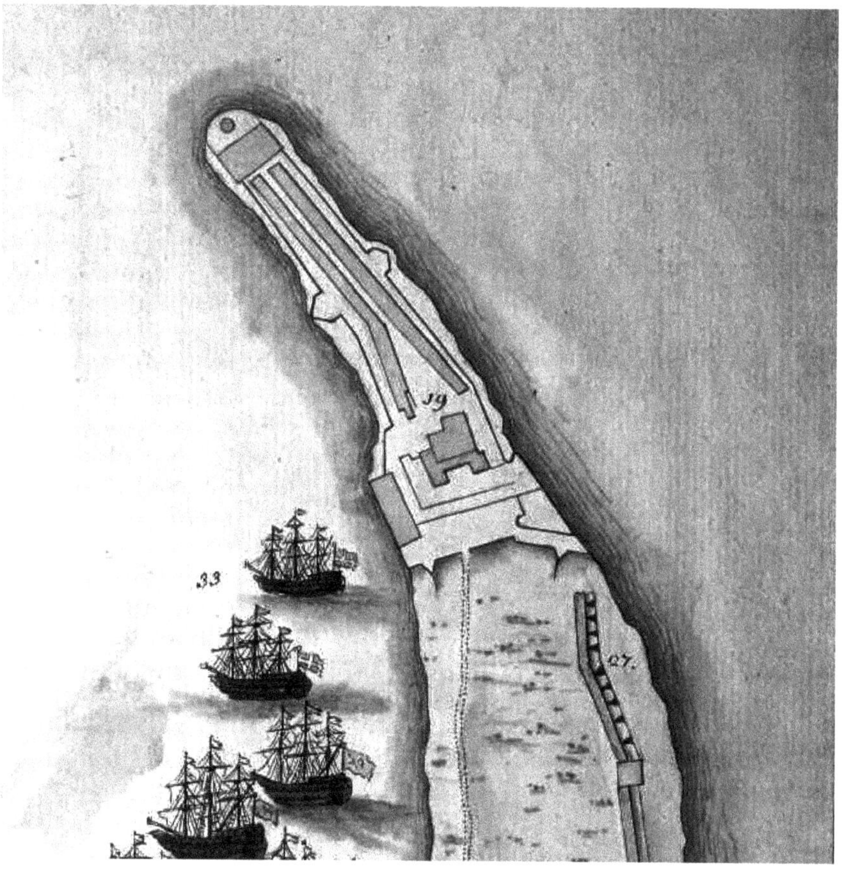

TAVOLA DI COMPENDIO

Castello del Santissimo Salvatore (particolare da Anonimo, *Plan et attaques de la Citadelle de Messine par les Impériaux en l'année 1719*, s.l., s.d., Archivio di Stato di Torino, Sezione di Corte, carte Topografiche e Disegni, Carte Topografiche Segrete, Messine 26 D II Rosso; illustrazione da collezione Sconfienza)

Fig. 26 Alcune delle tante interessanti testimonianze conservate. In alto a sinistra, lapide con stemma asburgico di Filippo III di Spagna, che ricorda i lavori di fortificazione eseguiti nel 1614. A destra lapide che si riferisce alla dichiarazione dell'opera quale base navale nel 1753, regnante Carlo III di Borbone. Al centro a sinistra cannone navale borbonico in ghisa da 36 libbre, fuso a fine Settecento. A destra cannone navale in ghisa, fuso a metà Ottocento. Tali reperti non sono stati analizzati e catalogati, meritando senz'altro una collocazione più adeguata. In basso tre cannoni navali risalenti a fine Seicento primi anni del Settecento, ai quali nonostante la diffusione di notizie inattendibili e la produzione di schede generiche ed errate (Forte Cavalli), non è possibile dare attribuzioni e informazioni certe, a causa della carenza o inesistenza di chiari indizi. I tre reperti si presentano in cattivo stato di conservazione, nonostante le risorse impiegate anni addietro per un presunto restauro, comunque vanificato dalla collocazione dei pezzi in luoghi inadatti. Inoltre due di questi ornano una lapide originale in ricordo di alcuni fatti dei moti del 1848; periodo storico ben lontano dalla fusione e utilizzo dei cannoni. Inadeguata anche la ricostruzione degli affusti (Arsenale di Messina), affatto rispondenti a quelli alla marinara dell'epoca (foto Teramo)

§ *Batteria Campana*

Fig. 27 Ingresso e fianco meridionale della batteria Campana (foto Donato)

Fig. 28 La batteria Campana conserva ancora varie testimonianze che indicano la rivisitazione nel tempo dell'opera. In alto a sinistra tipica troniera; a destra installazione per cannone in cannoniera minima su affusto rigido e sott'affusto a lisce da circolare in pietra (in questo caso sia anteriore che posteriore). In basso installazione a cielo scoperto per cannone su affusto rigido e sott'affusto a perno anteriore e lisce da circolare in pietra (posteriore). Entrambe le installazioni sono ascrivibili alla metà dell'Ottocento, così come altre rilevate in loco. Tuttavia esistono anche piazzole aggiunte alla fine dell'Ottocento (foto Donato)

Caratteristiche delle artiglierie borboniche

La piazza borbonica di Messina disponeva di artiglierie abbastanza antiquate, seppur in alcuni casi ancora efficaci. Esse erano però ad anima liscia e non rigata; caratteristica fondamentale già adottata da molti regni. Non faceva eccezione quello borbonico che utilizzava artiglierie ad avancarica con anima rigata, secondo il sistema francese a sei righe la Hitte[18], sia su alcune navi da guerra che in varie piazze (vedasi Gaeta). Tuttavia lo Stato Maggiore commise il grave errore di non incentivarne l'utilizzo in generale e provvedere alla dotazione di apposite batterie per Messina. Errore che visti gli avvenimenti sarà pagato a caro prezzo, contribuendo in modo significativo alla caduta della piazza.

I sistemi di artiglierie ad anima rigata con proietto oblungo, erano il risultato degli studi effettuati per eliminare i limiti e i difetti prodotti dalle anime lisce delle artiglierie con proietto sferico. Il vento o gioco, ovvero lo spazio che intercorreva tra il diametro della canna e quello della palla in uso con relativo scuotimento all0interno della canna, insieme alla non perfetta omogeneità e sfericità dei proietti (già piuttosto resistenti all'aria), durante lo sparo generava per questi ultimi un movimento accidentale diverso rispetto dall'asse dell'anima, nonché moti di rotazione attorno ad assi differenti da un colpo all'altro. Tutto ciò insieme a variabili come temperatura, vento e tipologia di artiglierie e di affusto, rendeva specialmente in caso di guerra, il tiro piuttosto caotico, incerto e impreciso.

Considerando la potenza espressa in base al peso della palla in libbre borboniche (1 libbra = 514 grammi), in genere i calibri principali napoletani in uso nella piazza di Messina erano sostanzialmente i seguenti:

- cannoni da 36, 33, 30, 24 da costa (figg. 29); da 24, 16 e 12 lunghi per l'assedio e la difesa; da 12 e 6 da campo; da 4 da montagna;
- obici da 80 alla Paixhans, di marina e da costa (Fig. 29).

Gli alesaggi andavano da 17,5 cm dei 36 libbre agli 8 dei 4 libbre, passando dai 16,5,16 e 15,4 cm dei 33, 30 e 24 libbre. Armi sempre molto efficaci erano i famosi cannoni obici a bomba da 80 libbre, progettati dal generale francese Paixhans negli anni Venti e Trenta dell'Ottocento e disponibili in vari modelli. Con alesaggio di 22 cm e granata da circa 40 chili, queste artiglierie avevano forma di obici allungati, con bottone di culatta piatto dotato di anello.

La caratteristica più importante, era la speciale camera cilindrica accordata all' anima con una porzione tronco conica terminata da archi di cerchio. Tale sistema facilitava l'introduzione del cartoccio e faceva combaciare il proietto centralmente nell'anima, in modo da eliminare, essendo la spinta quasi diretta al centro del proietto, il vento evitando gran perdita del fluido elastico al primo istante dell'accensione[19].

Le varie artiglierie (fatta eccezione per i 42 pezzi fissi, armati dal ten. col. Guillamat sul piano di Santo Stefano) quando non montate su affusti da campagna, erano sistemate su installazioni da difesa, ovvero incavalcate per mezzo degli orecchioni utili al puntamento in elevazione (alzo), su affusti da difesa che scorrevano sulle lisce dei sott'affusti a cassa, fissati alla piazzola tramite un perno anteriore. Il puntamento in direzione (brandeggio) era possibile grazie a due rotelle anteriori e due posteriori fissate al sott'affusto, che scorrevano su una apposita circolare o rotaia.

---

[18] Il primo della storia ad essere impiegato in battaglia nel 1859.
[19] FERRANTE 1843, pp. 259, 260; ULLOA 1845, pp.12, 19, 23, 31.

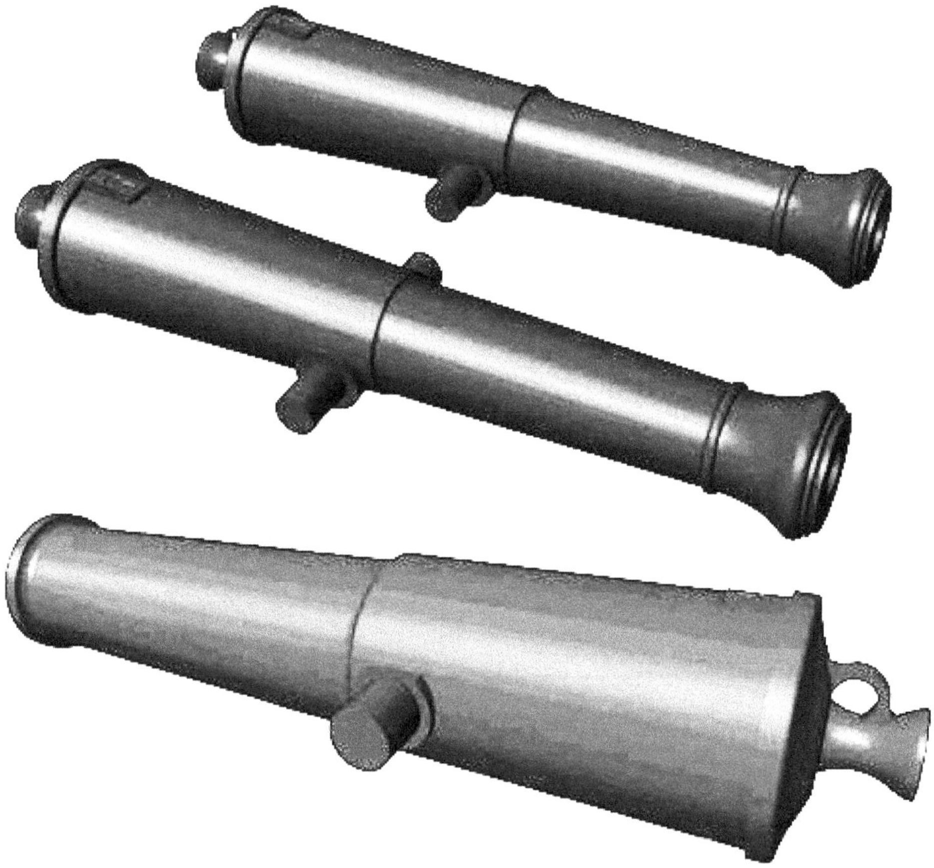

Fig. 29 Alcuni esempi di artiglierie ad uso borbonico nella metà dell'Ottocento. Cannoni da 30 libbre corto e lungo e cannone obice da 80 libbre Paixhans (immagine Donato e rendering grafico Ombrato)

La costruzione delle batterie piemontesi e l'inizio delle operazioni

Avendo i piemontesi iniziato i lavori di assedio, il 28 Fergola inviò a Cialdini una lettera di protesta per la palese violazione dell'art. 4 della capitolazione stipulata nel luglio 1860, affermando l'intenzione di prendere le dovute misure offensive, qualora i lavori non si fossero fermati. L'1 marzo Cialdini comunicò a Fergola la cessazione per mezzogiorno del 2 della suddetta convenzione. A seguito di ciò il ten. col. Guillamat ordinò di ritirare dal cantiere 42 cannoni di ferro e posizionarli sul piano di Santo Stefano, sul fronte meridionale della Cittadella, per formare le batterie:

- Fergola con 16 cannoni da 80 libbre a bomba Paixhans;
- De Martino con 13 cannoni da 36;
- Guillamat con 13 cannoni da 24.

Guillamat ufficiale di artiglieria esperto e studioso del settore, era consapevole così come Fergola del prossimo posizionamento anche di cannoni rigati da parte dell'esercito piemontese, di cui la piazza di Messina era come detto del tutto sfornita. Quindi dispose che i pezzi fossero posizionati senza affusti infossati al suolo, con un alzo fisso di 42 gradi. Guillamat da buon artigliere, sapeva che considerate le cariche di lancio, il calibro e la potenza balistica dei pezzi, tirando dal basso in alto in parabola con un angolo di elevazione prossima ai 45 gradi, si otteneva in ogni caso il rendimento massimo dei pezzi, in termini di gittata. Dovendo per ovvi motivi allungare il tempo di scoppio delle granate e mancando quelle utili (circa 45 secondi), adattò spolette di altri calibri e ne prolungò la durata facendo intingere le punte in casse riempite di terra umida.

Fig. 30 Alcuni degli ufficiali borbonici protagonisti dei fatti. In alto a sinistra in senso orario: il maresciallo di campo Gennaro Fergola, comandante della piazza di Messina; il brigadiere Cesare Anguissola, comandante superiore del castello del SS. Salvatore; il tenente colonnello Patrizio Guillamat, Capo di SM di Fergola e direttore delle artiglierie della piazza; il tenente colonnello Francesco Recco, comandante delle artiglierie del castello del SS. Salvatore; il capitano Carmelo Falduti, comandante della batteria della Lanterna (da GAETA 1862)

Il 4 marzo i lavori dell'assedio piemontese erano ancora fermi, essendo attivi solo quelli di riattamento delle strade e altre opere. Intanto furono stabiliti i comandi delle sei batterie da costruire, i cui siti erano già stati individuati. Di queste batterie, tre erano in quota (da 80 a 150 metri circa) e tre basse. La costruzione delle opere doveva essere sia notturna che diurna a cura di operai del genio, di fanteria e borghesi. Le batterie, tutte iniziate tra il 4-5 marzo e terminate l'11/12, erano in barbetta protette da un terrapieno e rivestite con sacchi di terra, gabbioni e tavole di abete. In particolare furono utilizzate:

- 605 travi da 3 a 6 metri;
- 20000 travetti da 2 a 7 metri;
- 15 tavoloni;
- 1500 tavolette di abete;
- 52000 sacchi di terra;
- 60 gabbioni;

- 100 fascine[20].

Secondo Cialdini le batterie avrebbero dovuto aprire il fuoco contemporaneamente insieme alle artiglierie della squadra navale, al comando del viceammiraglio Persano. Esse erano così distribuite e armate:

		Comandante superiore maggiore Vassalli				
Batteria	**Luogo**	**Comandante**	**Servizio**	**Armamento**	**Obiettivo**	**Distanza m.**
N 1	Poggio Gemelli	capitano *Gusberti*	2ª,4ª Comp./3° Rgt.	20 cannoni da 40 F rigati	Cittadella, bastioni Santo Stefano e San Carlo; lunetta Carolina	2000
N 2	Cimitero di Maregrosso	capitano *Vinay*	5ª Comp./ 3° Rgt.	12 mortai da 27 cm	Cittadella; bastione Don Blasco	1500 e 1000
		Comandante superiore maggiore Bianchi				
N3	bastion Segreto	capitano *Uccelli*	9ª Comp./ 2° Rgt.	3 cannoni da 40 F rigati, 3 cannoni da 16 B rigati da campagna	Cittadella	1500
N4	Del Noviziato	capitano *Baravalle*	8ª Comp./ 2° Rgt.	3 cannoni da 16 B rigati da campagna;6 cannoni da 16 B rigati da muro	bastione Don Blasco; Cittadella, bastione San Carlo	1300 e 1450
N5	Santa Cecilia	capitano *Petrini*	12ª Comp. / 2° Rgt.	4 cannoni da 40 F lisci della Marina	bastione Don Blasco	460
N6	Sant'Elia	capitano *Cavalli*	" "	3 cannoni da 16 B rigati da campagna	bastione Don Blasco	650

I lavori di costruzione e armamento delle batterie furono piuttosto faticosi, anche per il traino e il posizionamento delle artiglierie, specialmente per quelle elevate in quota. Il genio infatti in totale costruì 1220 metri di strada, riattandone 3000; eresse due grandi tettoie per la sussistenza e il parco del genio; elevò vari argini per deviare le acque di alcuni torrenti scelti come vie di comunicazione; allestì tre grandi barricate difensive; aprì passaggi nei vari muri che ostacolavano il movimento nel terreno di operazioni; costruì vari magazzini da polvere e depositi. Nello specifico il genio si premurò di costruire quattro nuove strade:

- La strada per la batteria sul colle dei Gemelli: iniziata il 2 marzo e ultima l'8. Lunga 800 metri, larga 5, con pendenze del 6/8%;
- La strada delle batterie del Noviziato: iniziata il 3 marzo e ultimata il 7. Lunga 120 metri, larga 3, con pendenze dell'8%;

[20] I legnami vennero estratti in alcuni magazzini locali, ma il pagamento fu sospeso a causa dell'eccesivo prezzo richiesto dai fornitori.

- La strada alla batteria inferiore del Bastione Segreto, iniziata il 9 marzo e ultimata il 10. Lunga 50 metri e larga 3;
- La strada alla batteria di S. Cecilia: iniziata e ultimata l'11 marzo. Lunga 150 metri e larga 3,5;
- La strada alla batteria del Cimitero, ultimata in tre giorni. Lunga 100 metri e larga 4.

Furono inoltre risistemate cinque strade esistenti:

- Fiumara Contessa: per un totale di 350 metri;
- Strada dei Gemelli: lunga 120 metri e larga 3,10;
- Strada del Noviziato;
- Strada di Santa Cecilia, lunga 1200 metri;
- Strada del Cimitero, lunga 700 metri.

Si costruirono

- tre grandi depositi delle polveri:
  - dei Gemelli. Lungo 8,70 metri, largo 2,20, alto 3,50;
  - del Noviziato. Sfruttando una parte dell'antico bastione del Segreto, lunga 20 metri;
  - del Cimitero. Utilizzando metà della casa mortuaria del cimitero di Maregrosso, per una capacità di 63 metri cubi.
- 11 magazzini di batteria, di cui:
  - 1 alla batteria S. Elia;
  - 1 di S. Cecilia;
  - 2 del Cimitero;
  - 3 dei Gemelli;
  - 1 alla batteria inferiore del Bastione Segreto e 1 della batteria superiore;
  - 2 alla batteria del Noviziato.
- 2 baracche allo sbarco. Presso la spiaggia di Contesse, di 8 e 16 metri di lunghezza;
- 1 baracca del parco del genio. Di 10 metri di lunghezza per 4 di larghezza;
- 3 argini preso i torrenti della Contessa, Zaiera e Santo;
- 3 barricate: di S. Elia; S. Chiara e S. Cecilia;
- 14 passaggi per la fanteria nei muri di cinta;
- osservatorio del cimitero, sul tetto della cappella[21].

Caratteristiche delle artiglierie piemontesi

L'esercito piemontese trasferì a Messina sia artiglierie ad anima liscia che rigata. Riguardo i pezzi rigati, è lecito chiarire che tra questi non figurano i famosi obici a retrocarica da 17 e 21 cm mod. Cavalli, invece amati e utilizzati in speciali installazioni (con non pochi problemi) durante l'assedio di Gaeta[22]. Infatti per l'assedio di Messina si utilizzarono i cannoni in ferro con anima a due righe in ferro da 40[23] libbre piemontesi, uguali a quelli ad anima liscia aventi alesaggi di 16,5 cm. Questa tipologia di grosse artiglierie non era necessariamente solo a retrocarica ma anche ad avancarica[24]. Nel 1850 presso Shoebury-Ness, il sistema Cavalli fu appunto sperimentato con due cannoni in ghisa ad avancarica da campo[25].

Nel caso dell'assedio di Messina infatti i cannoni da 40 libbre sia lisci che rigati, non erano che i vecchi 32 libbre inglesi in ghisa ad avancarica, ribarenati con anima a due righe[26]. L'anima del

[21] *Genio* 1864, pp. 375-386.
[22] Valfré 1864, pp. 180-184, 220, 227-249.
[23] Una versione del 40 libbre piemontese era dotata anche di anima a 6 righe del sistema francese (Fig. 31).
[24] *Memorie* AccScTo 1863, pp. XCIV, XCV; Nagle-Anfora 1861, p. 9.
[25] Reuleaux 1891, pp. 165-167.
[26] Valfré 1864, pp.268, 269.

cannone era solcata da due scanalature o righe elicoidali diametralmente opposte. Il proietto cilindro conico, cavo in ghisa, era fuso con due alette lunghe quanto la parte cilindrica, aventi la stessa inclinazione delle righe che le guidavano (Fig. 31). I cannoni da 16 libbre piemontesi in ferro e in bronzo, corrispondenti al 12 borbonico, avevano invece alesaggio di 12 cm e anima rigata a 6 righe secondo il sistema francese, meglio conosciuto come La Hitte, ad uso piemontese già dal 1860[27] (figg. 31, 32).

A differenza del mod. Cavalli, il sistema francese ad avancarica si poteva applicare anche alle artiglierie in bronzo[28]. Esso meglio risolveva i problemi relativi al modello Cavalli (come urti, sbattimenti, consunzione dell'anima e delle alette in ghisa), concentrandosi in particolare sull'applicazio-ne di un numero maggiore di righe al fine di ripartire adeguatamente la pressione del proietto contro di esse. Inoltre un fianco di ciascuna riga non era simmetrico rispetto all'altro, ma leggermente più inclinato. In tal modo durante il caricamento le alette del proietto poggiavano su un fianco delle righe. All'atto dello sparo il proietto resisteva per inerzia al movimento di rotazione e le alette tendevano a poggiare sull'altro fianco, mantenendo così la coincidenza dell'asse dell'proietto con quello dell'anima. In seguito si sostituirono le alette di rame con quelle di zinco, colando di piombo le sporgenze del proietto. Così durante il tiro, il metallo divenuto molle aderiva alle righe del pezzo e riempiendole impediva la fuoriuscita dei gas prodotti dallo sparo, risolvendo così i residui problemi di vento.

La granata francese era dunque caratterizzata da 12 appendici coniche o alette a forma di bottoni di zinco laminato o fuso, disposte in due corone sulla sua superficie, in modo da entrare nell'anima due per ogni riga. La scelta della forma e dello zinco (metallo molle) non erano casuali, ma utili rispettivamente a facilitare il moto nelle righe e non alterarne gli spigoli già dopo un breve uso. L'anima presentava dunque 6 piatte e angolari righe elicoidali con andamento destrorso, profonde da 1/40 a 1/30 del calibro. La sezione era trapezoidale con fianchi inclinati, di cui quello maggiormente inclinato detto «di sparo» e l'altro «direttore di caricamento», poiché in tale fase contro di esso poggiava l'aletta mentre si spingeva il proietto nel fondo dell'anima. I bottoni erano tagliati dalla parte verso cui poggiavano contro il fianco di tiro, in modo da combaciare perfettamente con esso. Inoltre per obbligare le alette a portarsi in contatto col fianco direttore dello sparo durante il caricamento, allo scopo di evitare l'urto delle alette contro il suddetto fianco, una riga fu gradatamente ristretta al suo termine, avvicinando il fianco di caricamento a quello di sparo. In tal modo la riga prendeva la precisa larghezza dell'aletta.

Il sistema francese permetteva l'aderenza delle alette del proietto alle righe, riducendo notevolmente il vento e consentendo con adeguati calcoli circa le spolette, l'elevazione e le cariche, di raggiungere distanze e precisione impensabili per pezzi lisci con proietti sferici, tuttavia mantenuti in servizio. La facilità di applicazione e gli ottimi risultati ottenuti, spinsero molte potenze europee dell'epoca ad accettare il sistema La Hitte, utilizzandolo in altri casi come base per varie modifiche e progetti autonomi. Tra queste la Russia, l'Austria, il Belgio, la Spagna, la Svizzera e in Italia i Regni delle Due Sicilie e di Sardegna, il quale come già accennato dal 1860 lo adottò ufficialmente per i pezzi in bronzo e in ghisa, utilizzandolo anche negli assedi relativi alla campagna di conquista del meridione d'Italia. I pezzi erano incavalcati su affusti da campagna mod. 1844 (Cavalli) e d'assedio mod. 1849, fatta eccezione per i mortai da 27 cm (Fig. 33). Artiglierie utili a tirare a grandi elevazioni, montate su affusto a ceppo a due o unico orecchione e sistemate direttamente sul suolo o su paiuoli, ovvero apposite piattaforme in legno.

---

[27] Alcuni interessanti esempi di cannoni rigati col sistema La Hitte, sono conservati presso il Musée de l'Armée di Parigi (pezzi lisci mod. Valliére ribarenati) e il museo del Risorgimento di Milano (pezzi piemontesi da montagna fabbricati nel 1860).

[28] BESSO 1875, pp. 247-248.

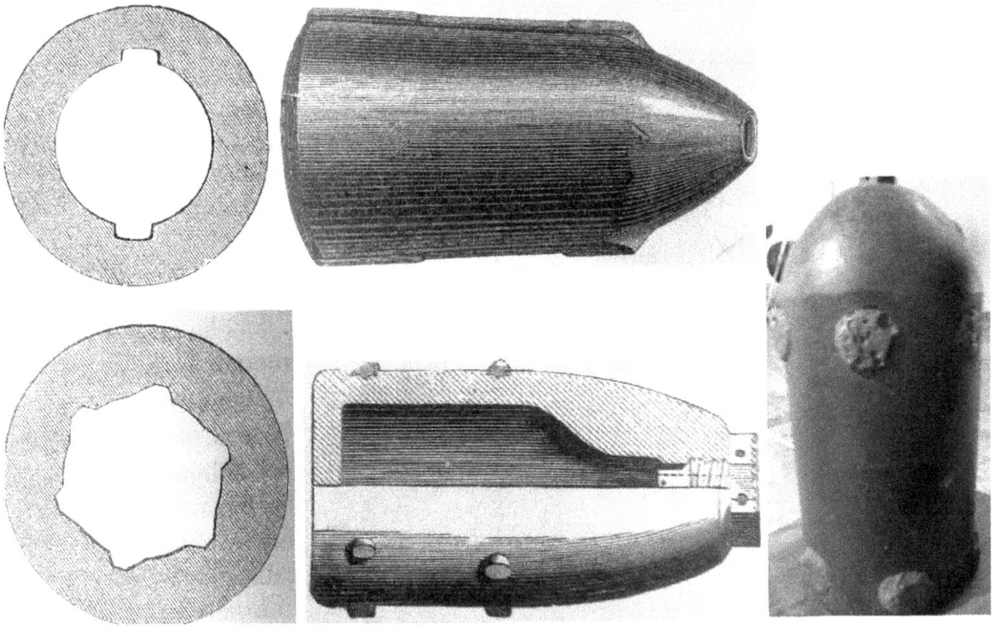

Fig. 31 In alto rigatura e proietto mod. Cavalli. In basso rigatura e proietto mod. La Hitte e relativo esemplare rinvenuto presso Gaeta (da REULEAUX 199, foto Donato)

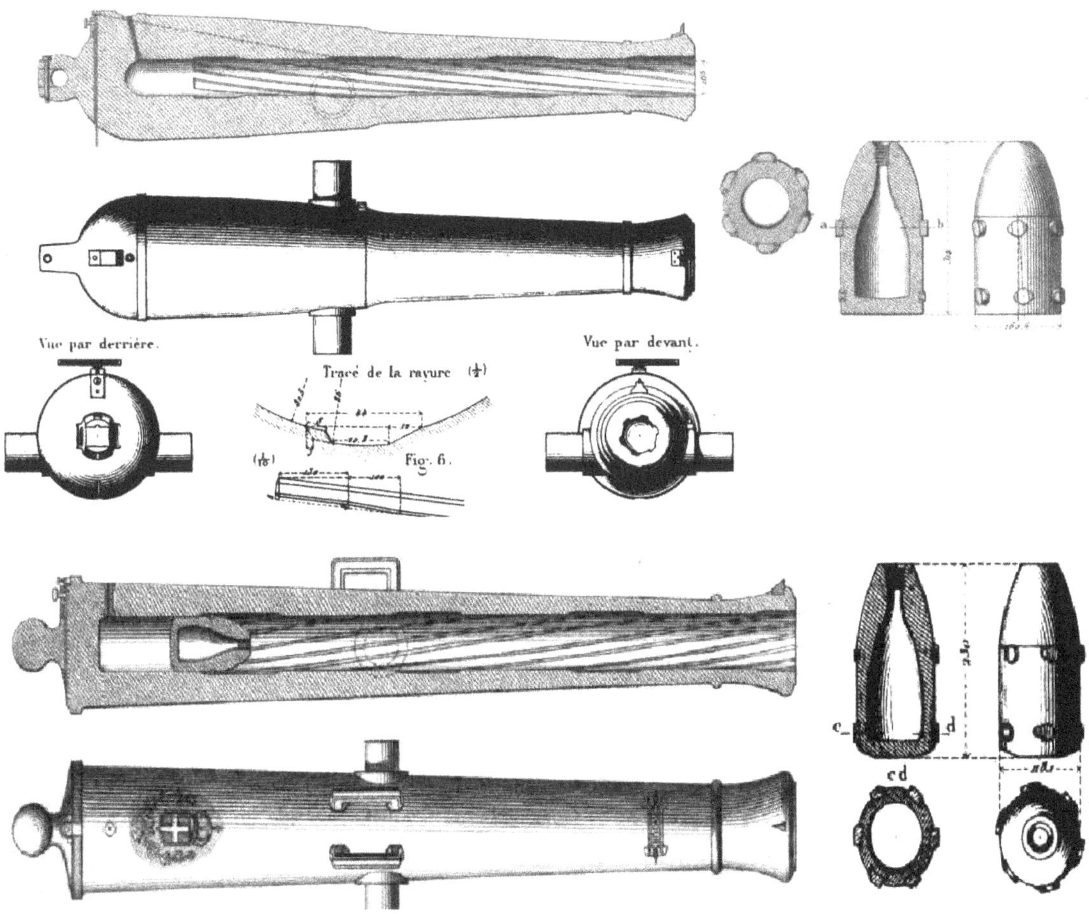

Fig. 32 Cannoni piemontesi da 40 da assedio e 16 da campagna, ad avancarica con anima a 6 righe del sistema La Hitte e relativa granata (da FAVÉ 1871)

Fig. 33 A sinistra affusto mod. 1844 sistema Cavalli. A destra affusto mod. 1849. In basso il mortaio da 27 cm su relativo affusto a ceppo con orecchione unico (da REULEAUX 1891)

L'azione delle batterie borboniche

Il 5 marzo le nuove batterie del piano di Santo Stefano fecero fuoco contro le navi piemontesi a Contesse, mentre già erano stati scoperti i lavori di assedio nemico. Alle 14 dell'8 marzo dopo l'ultimo scambio di lettere tra Fergola e Cialdini, le artiglierie dei bastioni San Diego, San Carlo, del rivellino Santa Teresa, della lunetta Carolina, del bastione Don Blasco e del castello del Santissimo Salvatore, tirarono contro i lavori nemici, mentre quelle del piano di Santo Stefano contro le navi a Contesse. Tuttavia a causa della eccessiva distanza degli obiettivi il fuoco delle batterie del Santissimo Salvatore cessò, così come quello della lunetta Carolina e del rivellino santa Teresa.

Il 10 marzo una lettera del re Francesco II destinata al maresciallo Fergola, dichiarava inutile prolungare la difesa della Cittadella. Lo stesso giorno fu tentata una vana sortita borbonica dal bastione Don Blasco, avente il compito di disturbare i lavori di costruzione della batteria piemontese di Santa Cecilia. L'azione coperta da fuoco a mitraglia, fu respinta da una compagnia di bersaglieri, per cui dal Don Blasco ci si limitò a tirare sui lavori della suddetta batteria. Le granate delle artiglierie dei bastioni Santo Stefano e San Carlo, grazie a un tiro molto esatto riuscirono comunque ad arrecare danni alle costruende batterie del Noviziato, Bastion Segreto e Gemelli (Fig. 34). Tali obiettivi elevati in quota, erano distanti tra i 1500 e i 2000 metri. Il fuoco borbonico continuò sino a quasi la mattina del 12. Alle 5 dello stesso giorno giunse l'ordine di regolare il tiro notturno per 4 colpi ogni 15, allo scopo di disturbare i lavori di assedio nemico. Tuttavia seppur la mancanza di affusti di ricambio pregiudicasse gradualmente la situazione, il fuoco diurno e notturno continuò per i giorni a seguire sino all'11, allorquando non rimanevano che 12 cannoni e 5 mortai ancora attivi. Intanto le navi piemontesi tiravano con i pezzi rigati ma senza esiti di rilievo, mentre la batteria borbonica Fergola riusciva a colpire una nave a Contesse, località distante oltre 2000 metri.

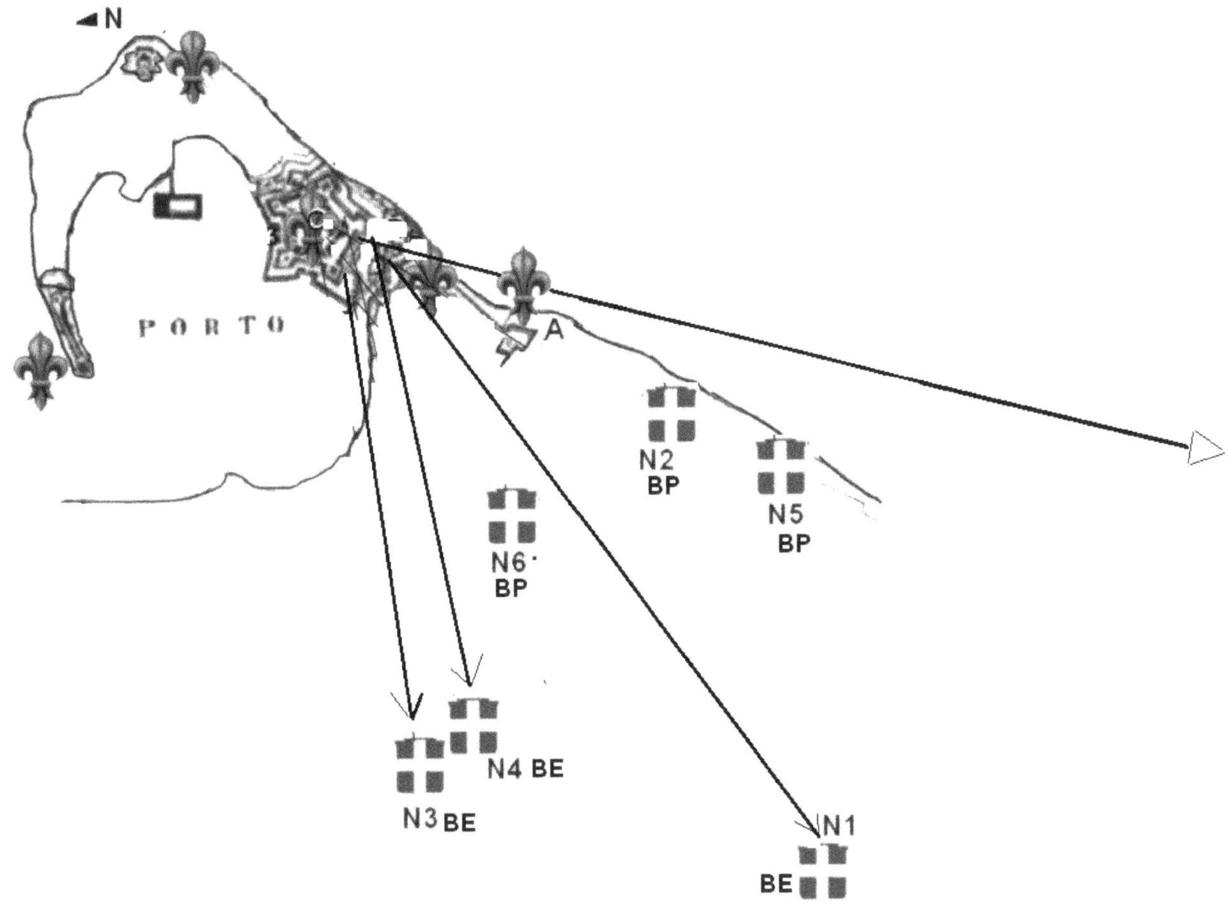

Fig. 34 Disegno indicante il tiro delle batterie borboniche contro quelle piemontesi in costruzione e le navi presso Contesse, il 10 marzo 1861 (elaborazione Donato)

L'azione delle batterie piemontesi e la resa borbonica

La mattina del 12 il vento forte e alcuni problemi strutturali, complicarono ulteriormente i fatti. Alle 11 e 30 giunse l'ordine di Fergola per la sospensione del fuoco per il pranzo, tranne che per i distaccamenti dei bastioni Santo Stefano e San Carlo. Intanto alle 11 Cialdini si era recato preso la batteria dei Gemelli, incontrando il comandante superiore delle artiglierie Valfrè di Bonzo. A mezzogiorno tolti i mascheramenti, le batterie piemontesi dotate di 500 colpi per ciascun pezzo, aprirono improvvisamente un pesante fuoco (Fig. 35) al quale risposero i succitati bastioni, insieme al Don Blasco, primo obiettivo preso dal tiro piemontese. Il segnale fu dato dal primo colpo della batteria dei Gemelli, seguita poi da quelle del Cimitero, Noviziato e Bastion Segreto. Le altre batterie aprirono il fuoco circa 15 minuti dopo.

Durante l'azione le difese borboniche furono messe subito in crisi. I due pezzi del bastione San Carlo divennero inservibili per la rottura degli affusti, mentre l'unico pezzo da 80 del bastione Santo Stefano fu scavallato. Alle 2 la cinta principale non fu più in grado di far fuoco e un'ora dopo il comandante del bastione Don Blasco comunicò al tenente colonnello Guillamat di non poter resistere oltre al tiro nemico, sia a causa dell'inservibilità dei pezzi da 36 in dotazione, sia perché la fortificazione non era più in grado di reggere ai colpi delle artiglierie avversarie. Giunse quindi l'ordine di inchiodare i cannoni, sgomberare la posizione e ritirarsi nella Cittadella, mentre le artiglierie della lunetta Carolina dovevano tirare sulla polveriera del Don Blasco per farlo saltare in aria. Nel frattempo, mentre la fregata piemontese Maria Adelaide (Fig. 36) scambiava alcuni colpi con le batterie borboniche della lanterna e di San Francesco, il costante e preciso cannoneggiamento piemontese aveva prodotto incendi nei padiglioni 3 e 4 della Cittadella, limitrofi al magazzino del bastione Norimberga. Durante i tentativi di spegnere le fiamme, due riserve munizioni e una di granate cariche saltarono in aria con una grande esplosione che provocò varie vittime e la distruzione di una batteria della controguardia San Carlo. L'incendio si propagò anche all'avanguardia Santo Stefano e quasi tutta la Cittadella piena di materiale esplosivo, nell'impotenza degli addetti allo spegnimento, impossibilitati dall'intervenire per via dell'intenso fuoco piemontese.

Alle 17,30 il maresciallo Fergola ordinò dunque di issare la bandiera parlamentare, inviando il brigadiere De Martino per tentare di evitare la resa a discrezione e avere una tregua di due ore, al fine di spegnere gli incendi e soccorrere le vittime. Il generale Cialdini rispose che la resa a discrezione doveva avvenire per le 9, onde evitare di essere colpiti dalle sue batterie per altre 24 ore. Fergola riunì allora il Consiglio di difesa, il quale accettò per via della carenza di viveri e dell'impossibilità di rispondere adeguatamente al nemico e della presenza di civili. Alle 10 arrivò l'ordine di capitolazione per le 7 del mattino del giorno 13 (Fig. 37) composta da 7 articoli. Alle 11 Fergola emanò l'ultimo ordine di commiato, con le relative decorazioni e le disposizioni da seguire circa la resa. L'assedio durò in totale quasi otto mesi, mentre il cannoneggiamento 5 ore e mezza.

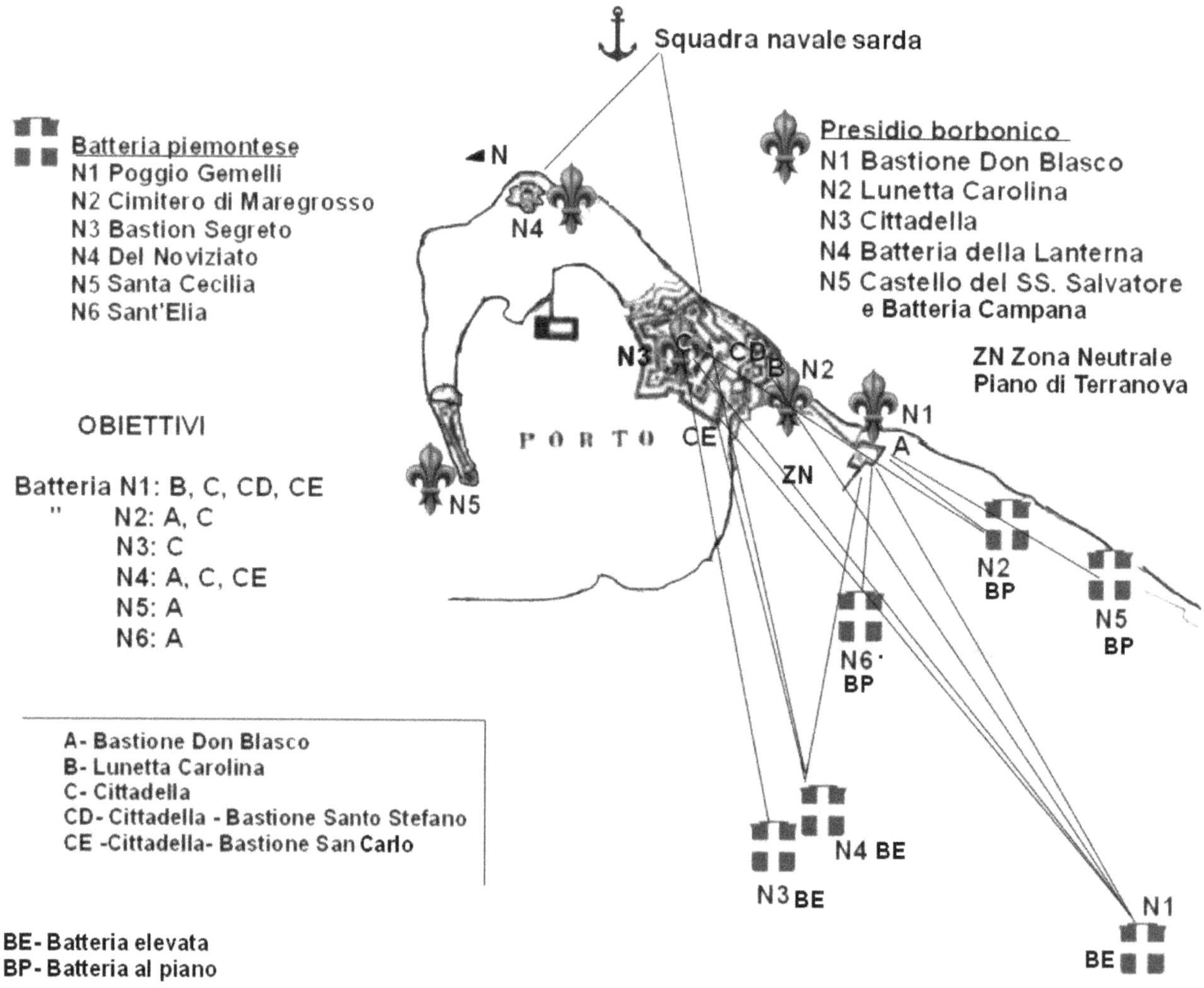

Fig. 35 Disegno indicante l'azione delle batterie e navi piemontesi contro gli obiettivi borbonici, il 12 marzo 1861 (elaborazione Donato)

Fig. 36 In alto, dipinti di C. Bossoli raffiguranti gli ufficiali piemontesi e il generale Cialdini, che assistono dal colle del Tirone (Noviziato), al bombardamento della squadra navale contro la Cittadella. In basso l'attacco visto da mare. Le opere sono conservate a Torino presso il Museo Nazionale del Risorgimento (da SORRENTI 1999)

Fig. 37 Dipinto raffigurante l'uscita delle truppe borboniche dalla Cittadella il 13 marzo 1861, alla presenza delle truppe piemontesi. Si riconoscono in primo piano i bersaglieri e gli ufficiali col generale Cialdini in sella al suo cavallo bianco, nei pressi del bastione San Carlo (dipinto di M. Panebianco conservato presso la Camera di Commercio di Messina; foto Donato)

Le batterie piemontesi in 5 ore spararono in totale 4239 colpi ovvero 14 ogni minuto, di cui:

- 1900 la batteria n 1, di Poggio Gemelli;
- 850 la batteria n 2, del Cimitero di Maregrosso;
- 560 la batteria n 4, del Noviziato;
- 480 la batteria n 3, del Bastion Segreto;

- 284 la batteria n 5, di S. Cecilia;
- 165 la batteria n 6, di S. Elia.

Fu inoltre prodotto il seguente quadro indicante l'effetto prodotto dalle granate cilindro ogivali tirate dai cannoni da 40 e da 16 rigati, contro le murature delle postazioni nemiche:

Calibro	Distanza m	Grossezza del muro m	Qualità del muro	Penetrazione m	Muratura tolta con l'urto o con l'esplosione, mc	Annotazioni
40	da 2400 a 2800	1	mediocre	0, 50	0,0601	non scoppiando
40	da 2400 a 2600	1	buona	0,80	0,60075	scoppiando dentro
16	500	1,30	"	0,70	0,45668	Scoppiando
16	1800	1,30	"	0,40	0,07512	non scoppiando

Dopo la resa fu rinvenuto parecchio materiale bellico borbonico, tra cui 455 pezzi di artiglieria in ferro e in bronzo di vario calibro. I soldati borbonici furono divisi e destinati in varie località, con la scelta libera di far parte dell'esercito piemontese o ritirarsi. Il 16 marzo il maresciallo Fergola, altri ufficiali e 154 soldati furono imbarcati sulla nave *Sirena* e inviati a Napoli. Nei giorni successivi i piemontesi prenderanno ufficialmente possesso delle fortezze borboniche. Il 22 marzo, due giorni dopo la caduta dell'ultima roccaforte di Civitella del Tronto e cinque dopo la proclamazione ufficiale della nascita del Regno d'Italia, il maggior generale Chiabrera fu nominato comandante delle armi nella Provincia di Messina, mentre il maggiore Bisogni comandante della Cittadella[29].

La caduta di Messina è strettamente collegata agli errori strategici e tattici commessi dagli alti Comandi, condizionati sia dalla situazione politica sia da una logica non decisionista, troppo attendista e spesso incomprensibile. Tali modalità indussero a intervenire con provvedimenti poco incisivi e non sfruttare volontariamente o meno, i vantaggi forniti dai numeri e dall'esperienza delle truppe, dalle posizioni difensive e dal controllo del mare, fondamentale per qualsiasi operazione offensiva o difensiva a terra. Tralasciando le vicende relative ai vari sbarchi di fatto non contrastati, dopo la perdita di Palermo un definitivo blocco dell'avanzata garibaldina si sarebbe potuto concretizzare con la battaglia di Milazzo. Infatti in tale occasione nonostante il numero cospicuo e la qualità, le forze a disposizione non furono sufficientemente utilizzate insieme a quelle di rinforzo nelle posizioni retrostanti; con grande disappunto del colonnello Del Bosco, principale vittima di tali scelte. Da rilevare inoltre il costante ordine superiore di ritirata, ogni qualvolta le difese borboniche tenevano con decisione. Ciò si verificò anche per le ultime azioni garibaldine prima di giungere a Messina e anche successivamente in Calabria. Infatti le linee difensive borboniche che stavano ben operando sui monti che cingono la città da ovest, contenendo la pressione delle avanguardie garibaldine, furono ritirate (successivamente la maggior parte della forza fu allontanata da Messina) consentendo così la conquista nemica della città senza combattimenti e il successivo agevole assedio. Inoltre, seppur lo Stretto di Messina fosse pattugliato da navi da guerra borboniche affatto attaccabili dalla squadra navale sarda, il grosso delle truppe garibaldine dopo gli iniziali fallimenti, riuscì ad atterrare in Calabria sul versante meridionale dello Stretto. Da qui si diresse verso Reggio Calabria, prendendola mediante una manovra avvolgente, una volta congiuntosi con alcuni reparti precedentemente sbarcati a nord dello Stretto. Ciò avvenne nonostante l'esercito borbonico schierato in Calabria fosse ancora forte e numeroso, ma che di fatto cedette terreno al nemico.

[29] GAETA 1862, pp. 129-132, 137, 144, 145, 146, 165; *Genio* 1864, p. 366; VALFRÉ 1864, pp. 225, 443; CATENACCI-DI GIOVINE 2012, pp. 7-8, 14.

La conquista di Reggio Calabria isolò completamente la piazza borbonica di Messina, inibendone l'azione e l'influenza. Se a ciò si aggiunge che da lì a pochi mesi l'esercito piemontese avrebbe conquistato il centro e il meridione d'Italia, ben si comprende che la situazione era ormai irreparabilmente compromessa. In tal contesto caduta Gaeta, da considerarsi il più importante punto di resistenza borbonica, le residue forze di Messina avrebbero solo potuto ritardare i lavori di assedio nemico, diretta conseguenza della scelta di lasciare al nemico senza combattimenti la quasi totalità del territorio della piazza, non controllando seriamente la navigazione nelle acque dello Stretto e lasciando libero l'accesso al porto. Le azioni borboniche contro gli assedi potevano risolversi in attacchi di fanteria e massicci bombardamenti, nella speranza ormai esigua di attendere dei rinforzi così come avvenuto dodici anni prima, seppur in condizioni politiche e militari di gran lunga più favorevoli. Ma se i primi non si verificarono (tranne un vano tentativo) probabilmente per evitare il rischio di perdere inutilmente uomini e mezzi, i secondi effettuati da posizioni svantaggiose con artiglierie in massima parte obsolete, furono blandi e poco efficaci, quindi surclassati dalle artiglierie a disposizione dei piemontesi, rigate e/o armate in posizioni nettamente più favorevoli.

Il Governo borbonico come detto, pagò a caro prezzo il fatto di non aver seriamente considerato e attuato politiche di massiccia produzione e utilizzo delle artiglierie rigate, che con buona probabilità avrebbero potuto essere determinanti sia in battaglia sia durante gli assedi piemontesi, da considerarsi gli ultimi atti di una guerra che da parte borbonica, fatte le dovute eccezioni, fu mal condotta.

Fig. 38 Manifesto commemorativo del 36° Reggimento di fanteria per il 47° anniversario della presa della Cittadella e medaglie commemorative del 35° e 36° Reggimento di fanteria (da *Memorie-Pistoia* 1909; collezione Grasso)

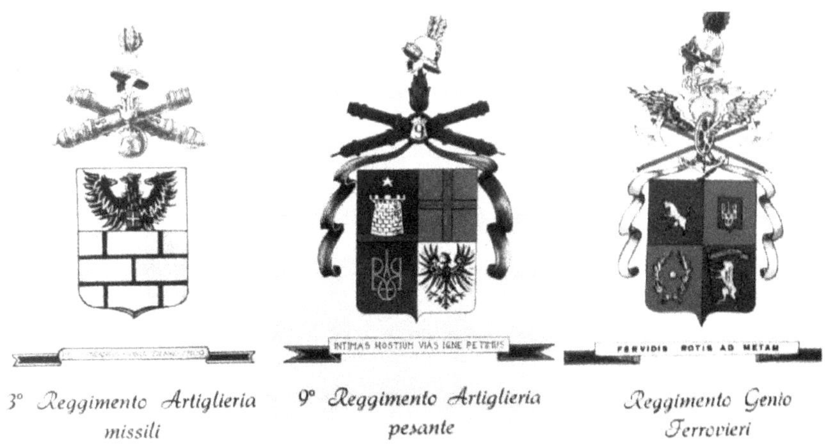

Fig. 39 Stemmi di alcuni reparti eredi di quelli che parteciparono all'assedio di Messina (da GIANNATTASIO 1971)

Fig. 40 Messina, seconda metà dell'Ottocento. Il porto falcato con le fortificazioni che furono borboniche, protagoniste dei fatti del 1860-61. A destra la Cittadella con le opere avanzate e il piano di Terranova. Al centro la batteria della Lanterna. A sinistra il castello del Santissimo Salvatore. Sullo sfondo la sponda calabra dello Stretto di Messina (foto collezione Donato)

Considerazioni conclusive

Le fortificazioni coinvolte in tali fatti, oggi almeno in parte non godono della giusta considerazione e tantomeno sono state mai oggetto di tutela e valorizzazione. In particolare negli ultimi settanta anni, alcune di esse sono state del tutto abbandonate e utilizzate per scopi a dir poco inopportuni, trovandosi nel più desolante degrado. La situazione attuale è davvero sconfortante. Il bastione Don Blasco abbandonato e danneggiato nel sisma del 1908, è utilizzato come spalla dell'attuale cavalcavia che collega la città col porto. La lunetta Carolina fu riutilizzata come discarica, venendo poi gravemente danneggiata e calcinata dal calore prodotto dagli incendi del pattume depositato, essendo in zona stata eretta una fabbrica e un inceneritore comunale oggi in parte demolito. A ciò si aggiungeva una baraccopoli rimossa circa un decennio addietro, che poco ha giovato visto il persistente stato di degrado assoluto.

Uguale se non peggiore destino è stato quello della Cittadella, già nel 1861 oggetto di una proposta parlamentare di demolizione parziale o totale[30]. Nonostante i danni subiti nei terremoti del 1783 e 1908 e le varie mutilazioni sopportate nel tempo per far spazio a infrastrutture pubbliche, aziende e officine private e baracche abusive, oggi l'opera si presenta nelle parti restanti ancora imponente e di pregio. Tuttavia, forse in continuità con certa mentalità partigiana, retorica e ideologizzata postunitaria, mista al disinteresse e all'indifferenza istituzionale, culturale e sociale, la Cittadella e le aree limitrofe al di là delle sterili proposte e promesse, rimangono nel più totale abbandono e degrado, impunemente soggette ad ogni tipo di evidente sopruso e sfregio; dalla discarica al ricovero per disagiati. La torre e batteria della lanterna invece si conservano in ottimo stato, ricadendo all'interno del territorio della base della Marina Militare, così come il castello del Santissimo Salvatore. Ovvi però i limiti relativi all'accesso e alla fruibilità, che andrebbero senz'altro eliminati.

Sorte egualmente infelice per le tre fortificazioni cedute ai garibaldini nel luglio 1860, in forza della convenzione Clary-Medici. Il castello Gonzaga ben si conserva ma da oltre quarant'anni, dismesso dall'Esercito, è inagibile e non pienamente fruibile. Peggiore la situazione del Castellaccio che da

---

[30] *Atti-Parlamento* 1862, pp. 589-605.

oltre venti anni, venuto meno l'utilizzo per la meritoria opera sociale di un sacerdote, si trova in persistente stato di degrado. Il complesso fortificato della torre del Faro è invece ben conservato, essendo da qualche decennio in gestione ad una fondazione. Risulta tuttavia in parte non fruibile. Questo è il quadro attuale dello stato di tali beni, che a parte qualche eccezione, non ha fatto e non fa certamente onore alle amministrazioni, enti e istituzioni pubbliche e organizzazioni private deputati alla tutela e alla conservazione, nonché alla diffusione della cultura e della conoscenza.

CAPITOLO 2

La piazza marittima di Messina - Reggio Calabria settembre 1939 - agosto 1943

Ordinamento difensivo di una piazzaforte marittima

Negli anni Trenta del Novecento la dottrina tattica in relazione alla difesa delle coste, prevedeva che essa fosse organizzata in modo da potersi difendere principalmente con i propri mezzi. Doveva quindi essere dotata di un complesso di efficienti apprestamenti difensivi dai pericoli provenienti dal mare e dall'aria. Tali apprestamenti erano:

- *Organi di scoperta e segnalazione del nemico*; ovvero attività di scoperta e segnalazione di unità in vista della costa, affidate ad una rete di posti costieri o semafori (fig. 8) collegati tra loro da linee telegrafiche e telefoniche e da apparecchi ottici. I semafori erano integrati da altri posti minori come le stazioni di vedetta. di segnalazione e di riconoscimento. Tale organizzazione era divisa in un certo numero di zone, a ciascuna delle quali era affidata la sorveglianza di un bacino marittimo. Le zone erano rette da un capo zona che recepite le notizie di eventuali avvistamenti, le inoltrava ai Comandi costieri di difesa marittima.
- *Difese passive intese ad ostacolare e contrastare l'azione nemica*; ovvero dighe, ostruzioni retali e sbarramenti di torpedini. In particolare le ostruzioni retali erano ostacoli per qualunque unità di superficie o subacquea. Si componevano di file di robusti galleggianti distesi all'ingresso dei porti, ai quali erano fissate reti metalliche che toccavano il fondo. Gli sbarramenti di torpedini servivano a rendere pericolosa l'avanzata delle nevi nemiche, nelle acque antistanti le piazzeforti e i tratti di litorale da preservare da bombardamenti e sbarchi. Attraverso gli sbarramenti venivano ricavati degli spazi dragati e spesso cambiati, detti rotte di sicurezza e utili per il passaggio di navi amiche.
- *Azione di contrasto da parte dei mezzi mobili o fissi a disposizione della difesa costiera*: cioè l'insieme delle artiglierie fisse e mobili e i mezzi navali a disposizione[1].

La difesa costiera si prefiggeva sostanzialmente due scopi:

- assicurarsi il dominio del mare, ovvero garantire la propria libertà d'azione sulle vie marittime in un raggio di azione comprendente le linee di cabotaggio costiero e le comunicazioni con i possedimenti coloniali d'oltremare;
- impedire l'offesa da parte di unità navali nemiche contro i punti più importanti per interesse militare, nazionale, della costa e opporsi ai tentativi di sbarco.

Essa quindi si può definire quale organizzazione complessa costituita da mezzi navali terrestri ed aerei, i compiti e gli atti dei quali sono regolati da un insieme di disposizioni tattiche e strategiche intese ad ottenere una coesione perfetta fra le diverse forme impegnate, e un sicuro coordinamento delle azioni singole per il conseguimento dello scopo finale, comune alla molteplicità dei mezzi. Tali mezzi erano costituiti da elementi principali attivi e ausiliari passivi.
Attivi:

- Organi incaricati del servizio di sorveglianza e di osservazione;
- aerei da ricognizione e bombardamento;
- batterie da costa;

[1] *Conferenza-Milizia* 1935, pp. 24, 25, 26.

- batterie antisiluranti e antisommergibili;
- stazioni lanciasiluri;
- treni armati;
- batterie antiaeree.

Passivi:

- stazioni semaforiche, radiotelegrafiche e fotoelettriche;
- ostruzioni e sbarramenti subacquei.

Il compito specifico delle batterie era fissato dall'*Istruzione sul servizio delle batterie da costa*, che le indicava quali utili a proteggere una piazza o un determinato tratto di costa, o difendere un passo procurando di mettere fuori uso il maggior numero di navi nemiche. Le artiglierie da costa operavano a integrazione della difesa mobile fornita dalle navi e dagli aerei, opponendosi all'azione dei grandi e piccole navi e sommergibili.

La difesa costiera era quindi disposta in modo da proteggere i punti più importanti della costa mediante artiglierie fisse, lasciando a quella mobile la protezione dei rimanenti tratti. Circa le artiglierie, un sistema difensivo costiero si componeva in sostanza di due tipologie di difese, di cui una di sicurezza composta da batterie costiere in installazione fissa, e una mobile con artiglierie in installazioni autotrasportate o autotrainate. Una piazzaforte marittima era composta dall'insieme di opere e difese aventi lo scopo di assicurare il possesso di una località di speciale importanza (base di operazioni, porto eventuale di rifornimento o rifugio, porto commerciale, località adatta per sbarchi ecc). La sua organizzazione era dunque volta all'azione non solo contronavi, ma anche contro attacchi terrestri e aerei attraverso i mezzi sopra indicati. Gli organi coordinatori appartenevano a enti e forze diverse, aventi altrettanta dipendenza in tempo di pace. Solo con la dichiarazione della piazza in stato di guerra si costituivano i vari legami tattici necessari per l'impiego razionale di tutto il sistema, tuttavia predisposto in tempo di pace mediante un progetto di difesa studiato da una apposita commissione, formata da elementi delle varie armi e agenti secondo le direttive del comandante della piazza.

All'atto della mobilitazione, agli organi già esistenti nell'esercizio delle funzioni, se ne affiancavano altri appositamente costituiti. In questo modo il Comando della piazza assumeva la direzione della difesa, coadiuvato da un Comando difesa, Comandi di fronte a mare e a terra (spesso già esistenti) in collaborazione con quelli aggiunti circa la difesa terrestre, aeronautica e di artiglieria dal quale dipendevano vari altri Comandi di artiglieria di settore, aventi alle dipendenze i Comandi di gruppo e quindi le batterie intese come unità di fuoco. I Comandi di gruppo erano i veri Comandi tattici, provvedendo all'impiego delle batterie da essi dipendenti e in alcuni casi non dipendenti. L'indicazione del bersaglio e l'ordine di aprire il fuoco era infatti solitamente dato dal Comando di gruppo, in quanto organo avente una visione più completa e ampia della situazione generale e particolare. La regolamentazione dell'epoca considerava i diversi aspetti tramite i quali si poteva appalesare un attacco nemico contro la piazzaforte, ovvero:

- attacco di sorpresa;
- bombardamento;
- blocco;
- attacco regolare;
- sbarco.

In ciascuna di tali circostanze il principio fondamentale sul quale si basava l'impiego della batteria da costa, era quello secondo cui appena l'avversario fosse stato sicuramente riconosciuto e la batteria in grado di batterlo, dovesse senz'altro iniziare il fuoco a meno che ordini specifici non lo avessero vietato[2].

---

[2] *Conferenza-Milizia* 1935, pp. 41, 42, 43, 45, 47, 48, 50, 51, 61,62.

L'istituzione della Piazza Militare Marittima di Messina - Reggio Calabria

Con R. Decreto del 27 settembre 1939, fu istituita la Piazza Militare Marittima di Messina - Reggio Calabria, in sostituzione della Fortezza Messina - Reggio Calabria del Regio Esercito[3]. La gestione delle batterie allora esistenti era a cura della Milizia da Costa, istituita nel 1935 in sostituzione dell'Artiglieria da Costa del R.E. (fig. 1). La M. da Cos. era presente a Messina con la 17ª Legione (già legione mista Dicat- Dicost) e si componeva di: un Comando Raggruppamento; un Comando di Sottoraggruppamento; quattro Comandi di Gruppo; otto batterie[4]. Nel 1939 la M. da Cos. prese la denominazione di Milmart (fig. 2.) Milizia Artiglieria Marittima. Circa la difesa navale, a parte le 8 vecchie batterie di GC edificate a fine Ottocento[5], ovvero *Masotto, Crispi, Schiaffino, Cavalli, Pellizzari, Gullì, Beleno, Siacci*, ancora attive con vetusti mortai da 280/9 avute dal R. Esercito, la Piazza di Messina possedeva già armate e pronte tre nuove batterie di cui: una da 120/40 (*De Cristofaro*) (fig. 4), una da 120/50 (*Mezzacapo*) (fig. 5) e una da 152/50 (*Punta Pellaro*) avute dalla R. Marina. La Milmart dipendeva dal Comando Gruppo Legioni di Roma[6]. Per nuova batteria si intendeva una moderna concezione costruttiva, basata sulle ridotte dimensioni, celerità ed economia dei lavori, insieme all'utilizzo per quanto possibile di efficaci artiglierie di varia natura.

Nel gennaio 1939 fu istituita la 6ª Legione Milmart in sostituzione della 17ª Legione M. da Cos. con sede a Messina, così come il Comando Militare Marittimo in Sicilia (ammiraglio di divisione Barone). Mentre nei mesi di marzo, maggio e agosto era stato formalizzato il passaggio delle opere del R. Esercito alla R. Marina[7]. Il Comando della 6ª Legione nonché del F.A.M.- Fronte a Mare, spettava al console De Lillo, il quale nel grado di console generale avrà poi il comando del 1° Gruppo legioni, formato nell'aprile 1940. Nello stesso anno la Milmart fu riconosciuta specialità autonoma, alle dirette dipendenze del Comando Generale MVSN e dello SM della R. Marina per l'addestra-mento e l'impiego. Inoltre in base al nuovo ordinamento della MVSN, in Sicilia già dal 1929 vi erano due Gruppi di CCNN, di cui il XXIX con sede a Messina e composto da 4 legioni, con la 166ª avente stessa sede.

Fig. 1 Medaglia dell'Artiglieria da Costa, anni Trenta (foto collezione Grasso)

---

[3] AUSMM, Archivio MILMART, Titolario suppletivo n 8, cartella 2631.
[4] Cenni storici relativi alla costituzione della Milizia Artiglieria Marittima, AUSMM Roma.
[5] Si Trattava di vetuste opere in massima parte già dismesse decenni prima.
[6] AUSMM, Archivio XIII MILMART II Serie, b. 001, f. 0008.
[7] AUSMM, Archivio XIII MILMART II Serie, b. 003, f. 0022, 0023.

Fig. 2 Da sinistra medaglia in bronzo e smalti per la Milizia Artiglieria da Costa 1935; medaglia in bronzo per la Milizia Artiglieria Marittima; medaglia in bronzo e smalti per il 1° Gruppo Legioni Milizia Artiglieria Marittima 1940 (foto collezione Grasso)

L'organizzazione della difesa navale

Si componeva di un Comando Fronte a Mare con sede presso la caserma *Sabato*, devoluto al comandante della 6ª Legione Milmart (avente stessa sede). Da esso dipendevano 4 Comandi di gruppo, di cui 2 sulla sponda Sicula e 2 su quella Calabra dello Stretto[8]. Secondo i manuali dell'epoca le artiglierie dovevano essere di vario calibro e tipologia; dai grossi e medi calibri a tiro curvo e teso, a quelli minori a tiro rapido. La sistemazione nelle batterie era esclusivamente in installazione allo scoperto, in piattaforma, a piedistallo o a ruote. La dotazione per difesa costiera e antiaerea era in generale costituita da:

- mortai da 280/9 costieri mm (vetusti e in via di radiazione) su affusto idropneumatico o rigido su sott'affusto a cassa su molle, granata di 199-234 kg, velocità inziale max. di 369-390 m/s e gittata max. di 9050-10500 m;
- cannoni da 152/45 e 50 mm costieri scudati su affusto a piedistallo, granata da 46-47 kg e 45-53 kg, velocità iniziale max. di 830 e 865 m/s e gittata max. di 19400 e 19700 m.;
- cannoni da 120/40 e 50 mm costieri scudati su affusto a piedistallo, granata da 23-25 kg, velocità iniziale di 700 m/s gittata max. di 12900 m.;
- cannoni da 105 / 28 antisiluranti su affusto a ruote, granata da 16,3 kg, velocità inziale max. di 576 m/s e gittata max. di 12780 m (fig.3);
- cannoni doppiocompito[9] da 90/53[10] (giunti a guerra ormai iniziata e posizionati in varie batterie a integrazione o sostituzione dei 90/42 e 76/40), su affusto a piedistallo, granata da 10,2 kg, celerità di tiro di 20 colpi/min., velocità iniziale di 860 m/s e gittata max. (all'orizzonte) 16700 m; 11400 nel tiro c.o. (fig.3);
- cannoni doppiocompito da 90/42 su affusto a piedistallo, granata da 10,2 kg, celerità di tiro normale di 8 colpi/min, velocità iniziale 780 m/s e gittata max. di 12500 m;

---

[8] AUSMM, Archivio XV Marisicilia Messina, faldone 5.

[9] Cioè artiglierie utili al tiro principale contraereo e secondario antinave.

[10] I quali secondo i dati dell'Ansaldo, dal 1940 al luglio 1943 furono consegnati in 1254 unità su un totale di 2500 prodotti.

- cannoni doppiocompito da 76/40 (fig. 3) su affusto a piedistallo, granata da 6 kg, celerità di tiro normale di 12-15 colpi /min., velocità iniziale di 680 m/s e gittata max. di 10000 m[11].
- A questi si aggiungeranno nel 1943 cannoni costieri da 170 mm tedeschi con granate da 68 kg e gittata max. di 29000 m (fig.53).

Fig. 3 In alto cannone da 76/40. Al centro cannone da 90/53. In basso cannoni da 105/28 (da SCUOLA-ARTIGLIERIA 1941; *Ansaldo* 1941)

Il *Comando Gruppo Nord Siculo* (capomanipolo Ragusa), con sede in località Menaia presso la batteria *Crispi* (figg. 5, 7) e collegato alle fotoelettriche di Pace, Torre Faro e al semaforo di Spuria (fig. 8), comprendeva le seguenti batterie costiere e doppio compito (fig. 21):

- *Lacagnina* (4 pezzi da 152/45 più 1 da 120/40 illuminante) (fig. 9);

[11] *Conferenza-Milizia* 1935, p. 231; MVSN 1942, p. 15; GRANDI 1934, pp. 85, 129, 137, 141, 165; PIGNATO 1972, pp. 20, 21.

- R. E. 198. antisilurante (4 pezzi da 105/28)[12];
- *Mezzacapo* (4 pezzi da 120/50);
- *Masotto* (6 pezzi da 280/9, 300 colpi per pezzo, 5 ufficiali, 19 sottufficiali, 143 camicie nere) (fig. 10);
- MS 123 (4 pezzi da 90/42) (fig.11);
- *Crispi* (8 pezzi da 280/9, 300 colpi per pezzo, 5 ufficiali, 19 sottufficiali, 143 camicie nere);
- MS 2 (sezione con 2 pezzi da 76/40) (fig. 12);
- MS 400 (4 pezzi da 76/40).

Il *Comando Gruppo Sud Siculo* (seniore Carbone) con sede in località monte Cappellaro (fig. 13), nei pressi della batteria *Cavalli* (telemetro capogruppo), collegato con la fotoelettrica di Tremestieri e la stazione di riconoscimento di Piano del Giglio, comprendeva le batterie:

- MS 3 (4 pezzi da 76/40);
- *De Cristofaro* (4 pezzi da 120/40);
- MS 611 (4 pezzi da 76/40) (fig. 14);
- *Schiaffino* (6 pezzi da 280/9, 300 colpi per pezzo, 5 ufficiali, 17 sottufficiali, 139 camicie nere) (fig. 15);
- MS 280 (4 pezzi da 90/42, poi sostituiti da 6 da 90/53) (fig. 16);
- R. E. 196, antisilurante (4 pezzi da 105/28);
- *Cavalli* (6 pezzi da 280/9, 300 colpi per pezzo, 5 ufficiali, 19 sottufficiali, 143 camicie nere) (fig. 13).

Fig. 4 Messina. La batteria costiera *De Cristofaro* con le quattro piazzole per cannone da 120/40 disposte in linea e i sottostanti vani munizioni di pronto impiego. L'edificio della direzione tiro visibile in fondo, è stato incautamente abbattuto nel 2006 durante alcuni lavori di sbaraccamento (foto Donato)

[12] Le iniziali R. E. si riferivano al Regio Esercito, mentre la sigla MS indicava le iniziali della Piazza di appartenenza, in questo caso Messina

Fig. 5 Messina, quota 380 m. L'edificio del telemetro capogruppo presso la sede del Comando Gruppo Nord Siculo. L'opera ubicata a monte della vecchia batteria costiera Crispi, si compone di un corpo principale verosimilmente già esistente a fine Ottocento, al quale sono state in seguito aggiunte altre parti utili al nuovo scopo (foto Donato)

Fig. 6 Messina. Il luogo in cui sorgeva la batteria costiera *Mezzacapo,* armata con quattro cannoni da 120/50 mod. 1909, occupato in parte dall'edificio dell'ex tiro a volo, oggi sede di una fondazione, e in parte dai resti dall'ex cantiere Seaflight. Sullo sfondo il complesso fortificato della torre del faro (foto Cavallaro)

Fig. 7 La vecchia batteria costiera Crispi durante la seconda guerra mondiale. Ufficiali e serventi della 6ª Legione Milmart con mortai da 280/9 su speciali affusti idropneumatici Armstrong. In basso lo stesso luogo oggi. Si notano i resti delle piazzole e i locali sottostanti, dai quali tramite pozzetti ricavati presso il parapetto, si portavano le cariche di lancio ai pezzi. L'opera rimase armata sino al 1942, oggi è in stato di grave rovina e abbandono. Il corpo di fabbrica centrale è quasi del tutto scomparso e i locali sottostanti le piazzole presentano evidenti segni di esplosione (da VERZERA 2000, foto Donato)

Fig. 8 Messina località Spuria a quota 110 m. L'edificio della stazione semaforica e del telegoniometro per la batteria costiera *Mezzacapo*. A destra il blocco circolare centrale sul quale era installato lo strumento (foto Donato)

Fig. 9 Messina, quota 60-80 m. Batteria costiera *Lacagnina* da 152/45. In alto a sinistra, foto d'epoca con il console Tomasello e il personale, accanto all'ingresso della riserva munizioni ipogea di una piazzola, visibile nello scatto odierno in basso. A destra in alto l'interno di una riserva munizioni ipogea. Al centro a destra l'edificio della direzione tiro. In basso particolari di piazzole col rocchio ancora dotato di piastra (da VERZERA 2000; foto Annuario)

Fig. 10 Messina, quota 420 m. Batteria costiera *Masotto*. Il terrapieno con le piazzole circolari per mortaio da 280/9, con adiacenti al parapetto i relativi pozzetti attraverso i quali si issavano le cariche di lancio conservate nei sottostanti locali (foto Epasto)

Fig. 11 Aquila fascista realizzata con ciottoli, nei pressi della batteria MS 123 (foto Grasso)

Fig. 12 Messina. Sezione *MS 2* da 76/40. Foto di gruppo del personale della 6ª Legione Milmart con insegne di grado del primo tipo ed elmetti Adrian. Al centro il centurione comandante che espone sul taschino sinistro la croce commemorativa della Terza Armata. In alto il telemetro stereoscopico da un metro (Collezione Riccobono foto Donato)

Fig. 13 Messina. Monte Cappellaro a quota 290 m. L'edificio del Comando Gruppo Sud Siculo. Si nota la relativa insegna, il motto fascista e il simbolo della 6ª Legione Milmart. In fondo il fianco meridionale della vecchia batteria costiera *Cavalli,* ancora dotata dell'originario casotto telemetrico corazzato e accanto il piccolo edificio del telemetro capogruppo, ancora oggi esistente. In basso i resti del manufatto oggi, ridotto quasi a rudere (Collezione Riccobono foto Donato)

Fig. 14 Messina. Uno dei 4 cannoni da 76/40 Breda modificato 1935 su installazione contraerea della batteria *MS 611*, oggi non più esistente (da VERZERA 2000)

Fig. 15 Messina. Batteria costiera *Schiaffino*. In alto a sinistra, il personale Milmart distribuito sui tre principali livelli. Alle spalle degli ufficiali si notano i due medaglioni raffiguranti il Re V. E. III e il Duce, il primo dei quali si trova ancora in loco. A destra gli ufficiali in uniforme estiva sulla sommità del parapetto, davanti alla volata di un pezzo da 280/9. Oggi l'opera versa in grave stato di abbandono (Collezione Riccobono foto Donato)

Fig.16 Messina quota 85 m. Batteria MS 280 da 90/42 poi 90/53. Piazzola e vani della riserva munizioni ipogea riportanti le indicazioni circa la specifica tipologia di granata da utilizzare. Il suo comandante, centurione Palermo, fu catturato il 17 agosto 1943 nella zona limitrofa di Tremestieri (foto Donato)

Sul versante siculo, per il tiro notturno le batterie non dotate di pezzo illuminante: *Masotto, Crispi, Mezzacapo*, R.E. 198, erano servite dalla fotoelettrica di Torre Faro; la batteria MS 123 dalla fotoelettrica di Pace; le batterie *Schiaffino*, *Cavalli*, MS 611, MS 280 e R. E. 199 dalla fotoelettrica di Tremestieri; le batterie MS 3 e MS 400 e 611 e *De Cristofaro* dalle R. M. 38 e 60. Sul versante calabro le batterie si collegavano attraverso una linea per la quale, *Siacci* e *Beleno* ed R. E. 196 erano servite dalla fotoelettrica di Torre Faro e Scilla; *Beleno* e *Gullì* da quella di Punta Pezzo; *Gullì Pellizzari* da quella di Pentimele.

Per la determinazione dei dati di tiro ogni batteria da 280/9 era fornita di centrale composta da:

- due tavoli calcolatori;
- un correttore longitudinale;
- un correttore laterale;

- un cronoindicatore;
- un settore circolare;
- una tabella trasformazione dati in angoli di tiro.

Le batterie da 120/40, 120/50, 152/45 e 152/50 erano provviste di:

- telemetro;
- un tavolo calcolatore;
- un correttore longitudinale *Perozzi*.

Le batterie da 76/40 doppiocompito per il tiro navale era dotate di:

- un congegno San Vito;
- un indicatore delle correzioni;
- un cronoindicatore;
- un correttore laterale *Perozzi*;
- una tabella di ragguagli.

Per la misurazione della distanza degli obiettivi situati in zone non viste dai telemetri in dotazione (due Braccialini a base verticale), le batterie da 280/9 erano dotate di telegoniometro Passino o Braccialini (fig. 17) sistemato in apposito locale fuori opera. La batteria *Masotto* era servita dai telegoniometri in località Serra la croce e Puntal Menaia, la batteria *Cavalli* da quello in zona Puntal Macciò. Le batterie da 120/50 e 120/40 *Mezzacapo* e *De Cristofaro* disponevano dei telegoniometri dislocati presso forte Spuria e castel *Gonzaga* (fig. 18). Le stazioni fotoelettriche potevano avere compiti di:

- esplorazione generale dell'orizzonte;
- illuminazione delle navi nemiche;
- scoperta e guida del tiro delle batterie della difesa;
- illuminazione dei passi attraverso i quali il nemico poteva penetrare in specchi d'acqua utilizzati dalle forze navali della difesa[13].

Il Comando Gruppo Nord Calabro con sede nei pressi della batteria *Siacci* (fig. 19), collegato alle fotoelettriche di Scilla, S. Trada e Punta Pezzo, comprendeva le batterie:

- R. E. 196 (4 pezzi da 105/28);
- *Siacci* (6 pezzi da 280/9, 250 colpi per pezzo, 5 ufficiali, 21 sottufficiali, 147 Camicie nere);
- *Beleno* (6 pezzi da 280/9, 250 colpi per pezzo, 5 ufficiali, 21 sottufficiali, 147 Camicie nere).

Il Comando Gruppo Sud Calabro con sede nei pressi della batteria *Pellizzari* (telemetro capogruppo) (fig. 20); collegato con le fotoelettriche di Catona, Pentimele e la stazione di riconoscimento di Torre Lupo, comprendeva le batterie:

- *Gullì* (6 pezzi da 280/9, 250 colpi per pezzo, 5 ufficiali, 19 sottufficiali, 143 Camicie nere); *Pellizzari* (4 pezzi da 280/9, 250 colpi per pezzo, 5 ufficiali, 17 sottufficiali, 121 Camicie nere);
- R. E. 197 (4 pezzi da 105/28);
- *Conteduca* (4 pezzi da 152/50 + 1 da 120/40 illuminante);
- MS 594 (sezione da 76/40).

[13] MINISTERO-GUERRA 1942, pp. 27, 28, 29.

Fig. 17 Alcuni degli edifici per telegoniometro ancora rilevabili sulla sponda sicula. Dall'alto: Poggio Serra la croce a quota 280 m, Puntal Menaia a quota 340 m e Puntal Macciò a quota 310 m. (foto Donato)

Fig. 18 Messina. Il castello *Gonzaga* a quota 150 m. L'imponente fortificazione bastionata edificata a metà Cinquecento, fu sede del telegoniometro per la batteria costiera *De Cristofaro,* nonché del Comando FAM e dell'osservatorio Dicat collegato alla sottostante sede protetta dell'omonimo Comando. Oggi l'opera versa in stato di abbandono (foto Donato)

Fig. 19 Reggio Calabria. Batteria costiera *Siacci* in località Matiniti Superiore, a quota 325 m. A sinistra l'ingresso della vasta polveriera ipogea. A destra particolare di una coppia di piazzole per mortaio da 280/9. Armata con sei pezzi sino al 1942, oggi l'opera è in abbandono (foto Donato)

Fig. 20 Pentimele (Reggio Calabria). Batteria costiera *Pellizzari* con le due coppie di pozzi circolari per mortaio da 280/9, separati dalla riservetta centrale. In fondo si nota il piccolo edificio del telemetro capogruppo, incautamente demolito durante i recenti lavori di restauro (foto Fiorenza)

Per il tiro notturno le batterie: *Siacci*, *Beleno* e R. E. 196, *Gullì*, e *Pellizzari* erano servite dalle fotoelettriche comprese tra Scilla, S. Trada, Punta Pezzo, Pentimele e Catona. Per la misurazione della distanza degli obiettivi situati in zone non viste dai telemetri in dotazione, la batteria da 280/9 *Siacci* si serviva del telegoniometro in località Matiniti Inferiore, Superiore e Focumeni, la batteria *Beleno* di quelli in località Focumeni e Matiniti Superiore, la batteria *Gullì* del telegoniometro in contrada Sartori e la batteria *Pellizzari* di quello di Pentimele. La batteria *Conteduca* da 152/50 disponeva del telegoniometro ubicato a Campicello di Pellaro.

Così come autorizzato nel foglio *prot.n 5216 R.9/1* agosto 1939 del Comando Milizie Contraerei e Artiglieria Marittima, le attività addestrative dei reparti Milmart concordati tra Comandi R. Marina e quelli di legione dipendenti, dovevano essere comprese tra il luglio 1939 e il dicembre 1940. Infatti il *Programma Addestrativo del Comando 6ª Legione* 1939-40 per capi centrale e specializzati di varie categorie, per la difesa chimica, capi pezzo, allievi ufficiali, mitraglieri, fotoelettricisti, co-

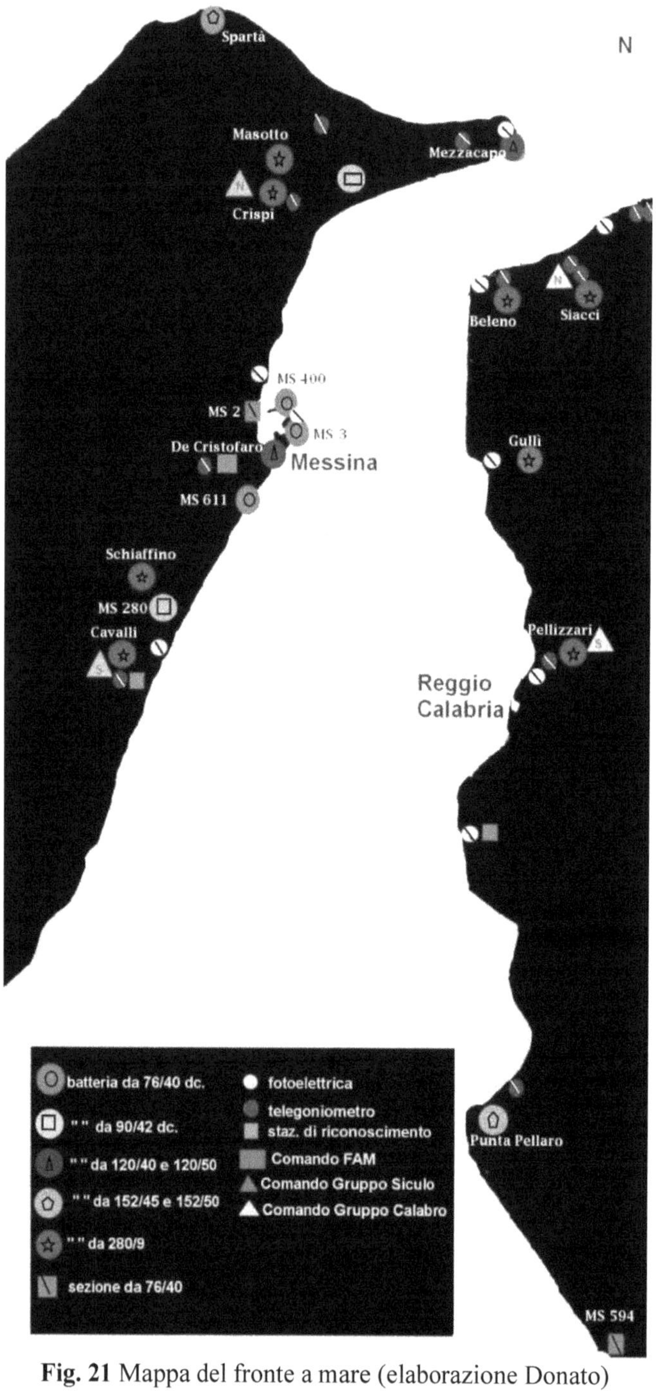

Fig. 21 Mappa del fronte a mare (elaborazione Donato)

mandanti di batteria ecc, prevedeva nei mesi di luglio, agosto e settembre le esercitazioni di tiro notturne e diurne con le batterie di mortai da 280/9 *Pellizzari, Gullì, Cavalli, Beleno* e le batterie di cannoni da 120/40 *De Cristofaro* e *Mezzacapo* da 120/50. Ad ottobre erano invece previste le esercitazioni con le batterie di mortai da 280/9 *Crispi* e *Masotto*[14].

Nel 1940 l'organizzazione della MVSN in Sicilia era a cura della XIII Zona, da cui dipendeva il 28° Gruppo legioni, mentre per la sorveglianza e difesa costiera dell'isola erano attive 23 Centurie inquadrate in 7 Legioni[15]. Come già accennato, nel mese di aprile fu istituito il 1° Gruppo Legioni Milmart di Messina, al comando del console generale De Lillo. Furono inoltre istituite la 9ª e 14ª Legioni di stanza rispettivamente a Pantelleria e Reggio Calabria, mentre Messina era anche sede della scuola allievi ufficiali e sottufficiali Milmart. Il 9 giugno, vigilia della dichiarazione di guerra italiana contro Inghilterra e Francia, al FAM comandato dal primo seniore Svampa, fu ordinato che per l'alba del giorno 10 tutte le batterie antinave fossero pronte contro qualsiasi offensiva inglese o francese. Nel frattempo il FAM coordinato dal centurione Grasso, era composto da 4 Comandi di gruppo 13 batterie antinave, 5 doppiocompito, 5 stazioni di riconoscimento e 9 fotoelettriche[16]. Nel mese di dicembre il primo seniore Tomasello fu designato quale nuovo comandante della 6ª legione Milmart. Alla fine del 1941 la forza complessiva della legione ammontava a: 192 ufficiali, 264 sottufficiali e 3482 legionari.

Nel dicembre del 1940, allo scopo di svolgere varie attività contro obiettivi nemici nel Mediterraneo, era intanto giunto in Sicilia il X Fliegerkorps al comando del General der flieger Geisler e dipendente dalla Luftflotte 2. Esso fu dislocato in quattro aeroporti siciliani e uno sulla penisola (Reggio Calabria difeso da una batteria da 88 e una da 20 del Flak Regiment 102). La sede del Comando fu posta a Catania e successivamente presso l'hotel San Domenico di Taormina. Nel 1941 al posto del X Fliegerkorps si insediò II Fliegerkorps al comando del general der flieger Loerzer, al quale subentrò temporaneamente il generalmajor Harlingausen, a sua volta sostituito dal generalleutnant Boulowius. Il reparto ebbe il Comando provvisorio a Messina e poi a Taormina nella stessa sede del X, così come il Comando tattico della 2ª Luftflotte da cui dipendeva. Il Comando del II Fliegerkorps sarà poi distrutto durante il bombardamento americano del 9 luglio 1943. La Luftflotte 2 dipendeva dall'OBS (Oberbefelshaber Sud, ovvero il feldmaresciallo Kesselring che oltre al comando del settore sud, deteneva quello della Luftflotte 2), così come il Fligerfuerer Africa, l'Italuft, il Comando Flak Italia e isole. Lo SM dell'OBS abbandonerà la sede di Taormina nell'ottobre del 1942 per insediarsi a Frascati[17].

Nel 1942 il comandante della piazza marittima era l'ammiraglio di squadra Barone; del 1° Gruppo Legioni Milmart il console generale De Lillo (CSM il console Svampa); della 6ª Legione Milmart il console Tomasello (fig. 22); della Difesa Militare Marittima il capitano di fregata Casoria; del FAM il seniore Rao. Nella prima decade di novembre la VII Divisione incrociatori si trovava a Napoli insieme a tre navi da battaglia, mentre la VIII Divisione incrociatori fu spostata da Navarino alle basi della Sicilia orientale, rinforzando la III Divisione di Messina. Ma a dicembre, dopo un violento attacco aereo americano che causò il danneggiamento di tre incrociatori dalla VII Divisione, le navi da battaglia furono arretrate a La Spezia e la III Divisone di Messina spostata a La Maddalena. La VIII Divisione fu trattenuta in Sicilia, ma dopo otto attacchi aerei americani venne trasferita a Taranto[18].

---

[14] AUSMM, Archivio XIII MILMART, II Serie, b. 002, f. 0018-0020.

[15] Rosignoli 1995, pp. 38, 40.

[16] Bollettino d'Archivio M12- MILMART I serie, Comando FAM; b. 006.

[17] Santoni, Mattesini 2005, da p.28 a p. 32, pp. 131, 147, 277, 278

[18] Santoni Mattesini op. cit. p. 306

Fig. 22 Da sinistra l'ammiraglio di squadra Barone; il console generale. De Lillo; il console comandante Tomasello e il console Svampa. Tomasello in qualità di ufficiale più alto in grado rimasto a Messina, il 17 agosto 1943 trattò la resa della città con i generali americani per poi essere inviato in prigionia. Svampa, nominato comandante della 14ª Legione Milmart di Reggio Calabria, sarà catturato il 3 settembre 1943 (da VERZERA 2000, Collezione Riccobono foto Donato)

L'organizzazione difensiva antinave si basava su un totale di 14 batterie e 2 sezioni sulla costa sicula ovvero:

- *Masotto, Crispi, Schiaffino* e *Cavalli* da 280/9;
- *Spartà* e *Margottini* da 152/45 (figg. 9, 23, 24);
- *Mezzacapo* da 120/50;
- *De Cristofaro* da 120/40;
- MS 123 e MS 280 da 90/42 doppiocompito;
- MS 611, MS 3 e MS 400 da 76/40 doppiocompito;
- R. E. 198 e 199 da 105/28 antisiluranti;
- sezioni MS 566 e MS 2 da 76/40 (figg. 12, 28).

7 batterie e 1 sezione sulla costa calabra ovvero:

- *Siacci, Beleno, Gullì* e *Pellizzari* da 280/9;
- *Conteduca* da 152/50;
- R. E. 196 e 197 da 105/28 antisiluranti;
- sezione MS 594 da 76/40.

L'organizzazione della difesa antiaerea

Potenziata e riorganizzata a partire dal 1935-36, era coordinata insieme a quella costiera dal sottocapo di SM, avente inoltre compiti di controllo del Comitato Centrale Interministeriale per la Protezione Antiaerea e dell'UNPA, quest'ultima istituita nel 1934 come ente privato fu militarizzato nel 1940, passando l'anno successivo alle dipendenze del Ministero degli Interni. L'organizzazione della difesa passiva era invece affidata al Ministero dell'Interno. La difesa antiaerea aveva il compito di opporre agli attacchi avversari, il tiro delle proprie artiglierie a varie quote. Le caratteristiche delle armi contraeree dovevano essere adeguate all'estrema mobilità dei velivoli nemici e quindi contraddistinte da: prontezza e rapidità di manovra mediante appositi affusti, munizionamento con granate dirompenti regolate da spolette a tempo, velocità iniziali e cadenze molto elevate e con appropriati sistemi di caricamento, punteria, direzione e condotta di tiro. Le artiglierie contraeree a disposizione erano i già citati cannoni da 90/42 e 76/40[19], più i 90/53 italiani, gli 88 e 105 mm tedeschi aggiunti nel 1943. A tali calibri si affiancavano le armi automatiche e varie mitragliatrici (fig. 29) e cannoncini, aventi il compito di battere bersagli a bassa quota.

[19] Inizialmente (poi radiati) vi erano i cannoni da 75/27 AV su affusto a piedistallo e su installazione di circostanza (fig. 26) con granata da 6,5 kg, celerità. di tiro normale da 12 - 15 colpi/min, velocità iniziale 510 m/s e gittata max. di 6000 m.

Per i calcoli relativi alla punteria diretta e indiretta erano in uso le centrali di tiro, costituite da gruppi di organi collegati in serie tra loro e destinati a:

- ricavare i dati di posizionamento dell'aereo;
- ricavare i dati di posizionamento dell'aereo e a fornire in base alle ipotesi di volo i dati della posizione futura dell'aereo;
- ricavare i dati della posizione futura dell'aereo e fornire con continuità i dati di tiro corrispondenti;
- trasmettere i dati di tiro ai pezzi;
- ricevere i dati di tiro sui pezzi[20].

La Milizia Artiglieria Contraerei (fig. 25) istituita nel 1927 e divenuta nel 1930 M. Dat, M. Dicat nel 1931 e Maca nel 1940, era presente in Sicilia con la 22ª Legione. Entrambe le specialità dipendevano da un unico Comando presieduto da un luogotenente generale della Milizia, a suo volta sot-

Fig. 23 Capo Alì (Messina). Batteria costiera *Margottini* a quota 70 -120 m. In senso orario da sinistra in alto: due dei tre cannoni da 152/45, con l'edificio della direzione tiro in posizione dominante lo schieramento; personale della batteria con sullo sfondo il tratto costiero culminante con Capo Scaletta, nel quale il 16 agosto 1943 sbarcherà una task force inglese; ingresso della batteria con garitta e sbarra; legionari presso il posto vedetta e gli alloggi; celebrazione della messa presso il monumento, oggi ridotto a rudere (collezione Riccobono foto Donato)

[20] Dati recuperati dalle istruzioni sulle armi contraeree assegnate alla Milizia Artiglieria Marittima del 1942.

Fig. 24 La batteria costiera *Margottini* oggi. In alto a sinistra lo schieramento di artiglieria con le postazioni scalate in quota, che nell'insieme ricordano la prua di una nave. In primo piano la piazzola per pezzo illuminante da 120/40 e in fondo due delle tre piazzole da 152/45. A destra i resti del monumento. Al centro a sinistra, i vani munizioni di una riserva ipogea. A destra, particolare di una piazzola da 152/45 dotata di piastra fissata sul rocchio e apertura per il passaggio dei proietti dalla riserva al pezzo. In basso resti di iscrizione del motto Milmart < D'acciaio i cuori come i cannoni>. L'opera è pressoché integra in tutte le sue parti (foto Donato)

toposto al Comando Centrale Milizia Artiglieria Marittima, retto da un comandante generale sottocapo di SM per la difesa territoriale; nonché dal capo di SM per la R. Marina (parte tecnica, addestramento, impiego ecc.) e dal capo di SM della MVSN (reclutamento, addestramento, amministrazione, mobilitazione). La difesa contraerea era stata originariamente disposta dal Comando della 21ª Legione Milizia c.a. Passata alle dipendenze del Comando 6ª Legione Milmart che la esplicava attraverso il Comando Dicat, era inizialmente ubicata presso il palazzo della Provincia e dotata di due centralini (mezzi e avvistamento), la centrale sirene per l'allarme alla popolazione civile e una linea telefonica diretta con la cabina elettrica in zona Camaro, per l'ordine di oscuramento totale della città e paesi limitrofi. Circa la costa sicula, dal Comando Dicat dipendevano:

- Il *Comando Gruppo Nord Siculo* ubicato in un primo tempo a Tremonti, con le batterie:
    - MS 123 (4 pezzi da 90/42);
    - MS 724 (4 pezzi da 76/40, poi 90/53) (fig. 31);
    - MS 949 (4 pezzi da 76/40, poi 90/53) (fig. 32);
    - MS 577 (4 pezzi da 76/40) (fig. 33);
    - MS 475 (4 pezzi da 76/40, poi 90/53) (fig. 34);
    - MS 400 (4 pezzi da 76/40).
- Il *Comando Gruppo Sud Siculo* con sede in un primo tempo a Montepiselli, da cui dipendevano le batterie:
    - MS 3 (4 pezzi da 76/40);
    - MS 611 (4 pezzi da 76/40) (fig. 14);
    - MS 280 (4 pezzi da 90/42, poi 90/53) (fig. 16);
    - MS 525 (4 pezzi da 76/40, poi da 90/42) (fig.35);
- cannoni contraerei tedeschi da 105 mm con granate da 13,80 kg, velocità iniziale di 881 m/s, gittata max. (all'orizzonte) di 176000 m, 11400 m nel tiro c.o.;
- cannoni contraerei da 88 mm, con granate da 9,40 e, celerità di tiro di 15 colpi/min., velocità inziale di 820 m/s. e gittata max. (all'orizzonte) di 14800 m, 8000 m nel tiro c. o.[21].

Il Comando Dicat sarà poi trasferito in sede protetta presso Bisconte[22], mentre l'osservatorio, la stazione radio e una batteria c.a. leggera da 20 mm, erano installati presso il castello *Gonzaga* con relativo Comando FAM.

Le batterie da 90/42 doppiocompito disponevano di:

- una centrale G per il tiro antiaereo e navale, di riserva;
- Un congegno San Vito per il tiro navale.

Le batterie da 76/40 per il tiro antiaereo disponevano di una centrale Bragadin e un tavolo previsore mod. 37 composto oltre che dallo stesso tavolo, da un telemetro stereoscopico da posizione mod. 37 da 4 metri, una colonnina di punteria, un generatore di corrente, mezzi di ripiego, graduatori meccanici Borletti.

Le batterie da 90/53 invece erano dotate di centrali di tiro B.G.S. e ausiliarie Zeis. La batteria campale e da posizione era composta da una centrale con relativo telemetro in essa incorporato, nonché equipaggiamento elettrico e telefonico[23] (fig. 26). I dati di tiro erano trasmessi dalle centrali ai pezzi a mezzo telefono e per le batterie dotate di centrale automatica, a mezzo trasmettitori ricevitori elettrici regolamentari R. Marina, alimentati da gruppo elettrogeneratore.

Per l'intercettazione aerea attraverso la captazione delle onde sonore, erano inoltre in uso i fonogoniometri Galileo mod. 1940 e 1941, che potevano essere muniti di tracciatore di rotta e

---

[21] HOGG 1996, pp. 91, 92, 166, 167,174,175.

[22] Il Comando Dicat fu poi virtualmente trasferito presso il soprastante castello Gonzaga, tramite apposito collegamento via cavo.

[23] SCUOLA-ARTIGLIERIA 1941, pp. 10,11,12,19, 20.

di correttore di parallasse. Essi erano in grado di funzionare isolatamente oppure collegati a stazioni fotoelettriche da 150 mod. 41 e da 120 mod. 38[24] (fig. 30). Le fotoelettriche che a seconda del mezzo di trasporto si distinguevano in autostazioni, auto carreggiate e carreggiate, a loro volta avevano compiti di osservazione notturna a servi zio della difesa antiaerea

Fig. 25 Medaglia in bronzo per la Scuola della Milizia Artiglieria C.A. 1942 e medaglia della Milizia Artiglieria Contraerei (foto collezione Grasso)

Fig. 26 Alcuni esempi di attrezzature per il tiro c.a.: 1. centrale Gamma; 2. centrale Bragadin; 3. calcolatore Borletti; 4. centrale mod. 37; 5. centrale ausiliaria Zeiss; 6. centrale BGS (da SCUOLA-ARTIGLIERIA 1941)

[24] MINISTERO-GUERRA 1942, pp. 9, 10, 11.

e costiera. La scelta delle postazioni per i proiettori non era casuale, ma dipendente da variabili quali:

- i compiti della difesa aerea e delle batterie da servire;
- le direttrici e rotte degli aerei nemici;
- i bersagli da proteggere;
- le caratteristiche del proiettore;
- il terreno;
- le probabilità di incursioni aeree;
- la necessità di eliminare posti rumorosi vicini.

La scelta del posizionamento dei proiettori era stabilita sulla base di specifici studi cartografici e ricognizioni sul campo. Per l'impiego contraereo le stazioni fotoelettriche, scaglionate attorno all'obiettivo da difendere, dovevano essere in armonia con l'organizzazione generale della difesa e in particolare con le batterie contraeree. Gli ordini di esplorazione in caso di allarme di incursione nemica, erano impartiti dal Comando difesa aerea, mentre i proiettori assegnati alle singole batterie venivano riuniti in sezione e per l'impiego dipendevano direttamente dal comandante di gruppo o della batteria[25].

Fig. 27 Messina, una delle quattro piazzole della batteria da 75/27 eretta a quota 410 m, a protezione della fortezza costiera da 280/9 *Masotto*. Si tratta di una particolare opera utile all'installazione di pezzi da campagna adattati al tiro contraereo, su modello di quelle utilizzate decenni addietro, visibili nell'esempio in basso (fotocollezione Donato)

[25] MINISTERO-GUERRA 1940, pp. 1, 10, 23, 25.

Fig. 28 Messina. Sezione *MS 566.* Immagine odierna della residua piazzola per cannone da 76/40 contraereo (foto Annuario)

Fig. 29 Messina. A sinistra camicie nere della 6ª Legione Milmart con mitragliatrice Breda 37 a puntamento vincolato su affusto antiaereo. A destra capopezzo e servente della medesima legione con cannone mitragliera Breda 35 (Collezione Riccobono foto Donato)

Fig. 30 Messina, località San Placido Calonerò, già sede dell'ospedale militare di riserva n 4. In alto, foto odierna del presidio munito di manufatto con triplo muro d'ascolto a generatrice parabolica per aerofono (a sinistra); buca d'ascolto Dicat (al centro) e installazione per fonogoniometro (a destra). In basso foto d'epoca del fonogoniometro Galileo con i tipici paraboloidi e gli operatori della 6ª Legione Milmart, posizionato sulla postazione visibile a destra nella foto in alto. Lo strumento mediante apposito cablaggio, trasmetteva elettricamente i dati ricevuti al comando remoto, che a sua volta azionava la fotoelettrica carrellata posizionata poco lontano (foto Donato, Collezione Riccobono foto Donato)

Fig. 31 Messina quota 450 m. Batteria *MS 724* da 76/40 poi 90/53. I piani superiore e inferiore dell'edificio della direzione tiro e particolare di una piazzola con i perni prigionieri e le riservette munizioni di pronto impiego (foto Donato)

Fig. 32 Messina, quota 480 m. Batteria *MS 949* da 76/40 poi 90/53. Piazzola e resti della riservetta munizioni di pronto impiego (foto Donato)

Fig. 33 Messina, quota 840 m. Batteria *MS 577* da 76/40. Piazzola e vista della costa ionica col porto naturale falcato (foto Donato)

Fig. 34 Messina, quota 550 m. Batteria *MS 475* da 76/40 poi 90/53. Piazzola con perni prigionieri e riservette munizioni di pronto impiego. In basso i resti dell'edificio della direzione tiro (foto Donato)

Fig. 35 Messina quota 245 m. Batteria *MS 525* da 76/40 A mod. 917, poi da 90/42. Particolare di una delle piazzole dotate di riserva munizioni ipogea. (foto Donato)

Fig. 36 Messina gennaio 1942. La Mercedes cabrio del reichmarshall Hermann Goering, transita nel centro città (Collezione Riccobono foto Donato)

Fig. 37 Messina marzo 1942, dopo la conclusione della seconda battaglia della Sirte. L'ammiraglio di sq. Riccardi, Capo di Stato Maggiore della Marina, sul cui taschino sinistro spicca la croce di ferro di prima classe tedesca, passa in rivista i reparti schierati, accompagnato dall'ammiraglio di sq. Iachino (a destra), comandante della Squadra navale. Sullo sfondo il duomo, la chiesa dei Catalani e l'edificio del Banco di Sicilia con una mitragliera antiaerea posizionata sul tetto (Collezione Monteforte foto Annuario)

Le incursioni aeree angloamericane

Le prime sperimentazioni dell'aereo in campo bellico, crearono validi presupposti per il suo efficace e pieno utilizzo nelle azioni offensive contro obiettivi nemici. Il ruolo dell'aereo e nello specifico del bombardiere, sarebbe dunque in breve tempo diventato strumento determinante per la condotta della guerra, in quanto capace di ridurre in rovina le città nemiche con effetti materiali e morali devastanti sulle popolazioni e sui Governi[26]. Dopo le prime esperienze della guerra di Libia e il fondamentale utilizzo nella Grande Guerra, a partire dagli anni Venti del Novecento e per circa un decennio, il bombardiere subì tutta una serie di notevoli, rapidi e intensi miglioramenti tecnici in ogni sua parte, per presentarsi alla vigilia della seconda guerra mondiale, quale macchina moderna essenziale per le attività di offesa contro il nemico.

Scoppiato il conflitto furono in massima parte inglesi e americani a utilizzare, secondo una concezione più aggiornata e armonica con le forze terrestri e navali, il bombardamento strategico per annientare il sistema militare, industriale, economico e morale nemico, azzerandone la capacità di resistenza armata e quindi creando favorevoli condizioni di vittoria. Il celere sviluppo dell'arma aerea provocò una prima conseguente rivoluzione anche nel campo delle difese già durante la grande guerra, dopo la quale ogni Stato dovette adattarsi progettando ed applicando adeguati piani di protezione attiva e passiva. Era dunque necessario organizzare l'aeronautica per le attività di controllo e difesa dello spazio aereo, per l'osservazione e la ricognizione, insieme a moderni sistemi d'arma, di protezione, intercettazione ed allarme.

[26] Frankland 1971, pp. 11, 12, 14.

A seguito della dichiarazione di guerra italiana del 10 giugno 1940, già a partire dall'11 la RAF aveva attaccato il territorio metropolitano italiano bombardando Torino e Genova[27]. L'area dello Stretto di Messina divenne obiettivo della RAF, avente lo scopo di ostacolarne il traffico marittimo, colpendo le principali attrezzature portuali e ferroviarie. La città, dotata di un sistema di protezione attivo e passivo approntato in parte già negli anni Trenta, attraversò dal luglio 1940 all'agosto 1943 un periodo ricco di ricognizioni, allarmi, attacchi, incursioni e bombardamenti nemici.

Nel dicembre 1940 il No148 Squadron con base a Malta, effettuò le prime sporadiche incursioni notturne su Messina[28], il cui assetto difensivo anche per la protezione della popolazione, stava gradualmente aggiornandosi in base alle necessità, divenute più urgenti per via della guerra (fig.38). Il 1941 vide un significativo aumento delle incursioni notturne inglesi a cura dei bimotori pesanti Wellington del no 205 group, sulle attrezzature portuali e ferroviarie, effettuate nei mesi di gennaio, luglio, agosto, settembre e novembre[29], per un totale di 62 tonnellate di bombe sganciate[30]. Il *Diario storico del Comando 6ª Legione Milmart anno 1941*, segnala in particolare l'intervento delle batterie e allarmi aerei il 9 gennaio, il 16 febbraio più un allarme alle batterie antinave il 12, un attacco aereo il 10 e 11 settembre (2 aerei nemici abbattuti), altri allarmi aerei e interventi delle batterie il 25 e 26 settembre, il 9, 17, 23 e 24 ottobre, il 6, 8,10, 19 novembre, un attacco il 20[31] nonché allarmi il 4 ed 11 dicembre.

Nel 1942 la RAF effettuò incursioni nei mesi di febbraio, maggio, giugno e luglio[32].Tra il 24 maggio e il 10 giugno si ebbero 104 sortite su Messina, Palermo, Napoli e Cagliari per un totale di 152 tonnellate di bombe sganciate. Il 25 e 28 maggio e il 6 e 7 giugno Messina subì 29 attacchi, assorbendo in totale 120 tonnellate di esplosivo[33]. Il *Diario storico del Comando 6ª Legione Milmart anno 1942,* in particolare indica le azioni di fuoco delle batterie contro gli attacchi del 6 giugno, dalle 23,42 e 1,35 con due velivoli abbattuti; dell'8 luglio dalle 22,19 alle 22,31 e dalle ore 23,43 all'una e 43 con un aereo abbattuto; del 16 luglio e ancora del 9, 17 e 23 ottobre[34].

Nel 1943 gli equilibri bellici cominciavano a propendere nettamente a favore delle forze alleate. Sulla Sicilia e più in generale nello scacchiere mediterraneo, furono dunque applicate in modo massiccio e costante le tattiche incursionistiche con utilizzo di ordigni demolitori e incendiari di varie dimensioni e funzioni. Lo scopo era quello di avvantaggiare le operazioni terrestri nei fronti di guerra e nelle invasioni dei continenti, annientando il sistema militare, industriale, economico e morale nemico. Dal gennaio 1943 col debutto americano sugli obiettivi siciliani, i programmi di bombardamento furono coordinati dall'USAAF e dalla RAF (fig.39), per cui l'aviazione americana avrebbe bombardato in maniera sistematica di giorno, quella inglese di notte. Si trattava della cosiddetta offensiva di bombardamento combinata (Combined Bomber Offensive), attuata tramite l'applicazione del bombardamento orizzontale e della saturazione dell'obiettivo, in uso ai bombardieri pesanti e parte di quelli medi. Dopo le attività ricognitive del 4 gennaio e 14 gennaio[35], a partire dal 26 e 27 Messina fu dunque attaccata anche dalle formazioni americane, mediante incursioni diurne a cura dei gruppi da bombardamento pesante e medio delle 9th e 12th Air Forces dell'USAAF. Davis, così come i bollettini del Comando Supremo indicano, riferisce il primo attacco sul porto a cura dei B 24

---

[27] MIDDLEBROOK-EVERITT 2011, p. 51.
[28] MARCON 2005, p. 16.
[29] «Bollettini di guerra del Comando Supremo» 1973, pp. 131, 229, 239, 261, 262, 294, 299, 300.
[30] D'ESTE 1988, p. 498.
[31] In tale occasione morirà per le ferite riportate un legionario della batteria MS 123.
[32] «Bollettini di guerra del Comando Supremo» 1973, pp. 356, 390, 391, 392, 393, 394, 397, 414.
[33] *Middle East RAF* 1942-1943, May-December 1942, p. 67.
[34] AUSMM, Archivio XXXI MILMART I Serie, b. 6.
[35] *Diario-Comando* 2002, pp. 31, 109.

Fig. 38 Messina. Alcuni ricoveri permanenti, facenti parte di un capillare sistema di protezione antiaerea che servì la popolazione dal 1940 al 1943. In alto sinistra il ricovero presso Maridist, con una non casuale sagoma a cuneo. A destra, ingresso di un ricovero tubolare. In basso a sinistra, raro esempio di ricovero privato con svolta antisoffio in direzione del corridoio di attesa. A sinistra <I> nera su sfondo bianco che indicava la presenza di un idrante antincendio (foto Arigò, foto Annuario; foto Donato)

Fig. 39 A sinistra l'air chief marshal Tedder (RAF), capo del Mediterranean Air Command e il lt. gen. Spaatz (USAAF), comandante della Northwest African Air Force e della 12th Air Force (Foto NARA)

della 9th AF il 26 e 27 gennaio[36]. Il bombardamento strategico a largo raggio era condotto dalle formazioni dei quadrimotori da alta quota Boeing B17 Flying Fortress mod. F e Consolidated B 24 Liberator mod. D. Macchine all'avanguardia dotate tra l'altro di moderni sistemi di puntamento e di motori sovralimentati e capaci di volare a quote massime operative di circa 10000-11000 metri e medie di 6000 - 7000 metri. Tali bombardieri attaccavano seguendo rotte utili a evitare nei limiti del possibile il fuoco contraereo, organizzati in formazioni[37] strette (combat box), per aumentare la difesa dalla caccia nemica e offrire più obiettivi simultanei, piuttosto che una successione di singoli[38].
Le sortite notturne a quote nettamente più basse, secondo tecniche basate sulla segnalazione (pathfinder force) e illuminazione preventiva degli obiettivi, erano invece principalmente effettuate dai più modesti e meno dotati ma robusti bombardieri pesanti bimotori a largo raggio Vickers Wellington (solitamente i modelli Mk I, Ic e II), del già citato no 205 Group della RAF. La 9th Air Force (in parte IX Bomber Command e con alle dipendenze un gruppo di quadrimotori B 24 Mk II inglesi), la 12th Air Force e il No 205 Group dipendevano dalla NAAF, Northwest African Air Force[39].I caccia invece si occupavano delle sortite a bassissima quota tra i 300 e i 1200 metri, contro obiettivi di ridotte dimensioni.

Il porto di Messina già sede della III Divisione navale, aveva una capacità di 4-5000 tonnellate al giorno, con un sistema di trasporto assicurato da 6 traghetti e 7 terminal, di cui 4 a Messina, 2 a Villa San Giovanni e 1 a Reggio Calabria[40], che nell'aprile dello stesso anno era base per i trasporti tedeschi KT da 850 tonnellate. Lo Stretto era luogo di maggior transito e traffico navale e di conseguenza area da colpire senza soluzione di continuità. Non a caso già da febbraio vi operavano 13 mezzi Siebel e 5 Marinepharframe tedeschi, utili ad assicurare i trasporti, facendo la spola tra i vari punti di attracco eretti lungo le spiagge[41]. Nei mesi di gennaio, febbraio, marzo e aprile (figg. 40, 41), si registrò quindi una escalation di attacchi, incursioni e di tonnellate di bombe sganciate principalmente sull'area del porto e sulle stazioni ferroviaria e marittima, sino a toccare i picchi massimi a maggio e giugno, mese nel quale il NAAF classificò Messina quale obiettivo primario con precedenza sugli altri[42].

Il primo attacco americano sulle attrezzature portuali fu come detto portato il 26 e 27 gennaio ad opera dei B 24 della 9th Air Force, così come il 30 (due attacchi di 11 e 5 B 24) e 31 (2 attacchi di 9 e 7 B 24) per un totale di 22 sortite[43]. Circa il mese di febbraio si ebbero attacchi i giorni 3 (10 b 24), 8 (15 B 24) e 23 (18 B 24) [44]. A marzo nei giorni 3 (7 B 24), 23 (21 B 24 più 6 altri aerei), 24 (19 B 24) e 30[45]. Ad aprile si registrò un totale di 6 attacchi, con 13 sortite dei B 24 della RAF e 71 dell'USAAF; in particolare nei giorni 1, 2, 6 (20 B24), 8 (7 B 24), 12, 15, 28 (29 B 24) e 30 (21 B 24)[46]. A partire dal mese di maggio le incursioni si fecero nettamente più intense e costanti rispetto ai mesi precedenti, con attacchi nei giorni 1 a cura di 21 B 24, 9 con 44 B 24, seguiti in notturna dai velivoli inglesi; nei giorni 9, 13, 20, 21, 23 e 25, condotti da 50 B 24 della RAF e dell'USAAF. A quest'ultimo giorno parteciparono 40 B 24 e 89 B 17, scaricando sugli obiettivi 253 tonnellate di

---

[36] DAVIS 2006, p. 117; «Bollettini di guerra del Comando Supremo» 1973, pp. 507-611.
[37] Come ad esempio quella a cuneo con gruppi di 18 aerei, introdotta nel 1943.
[38] PRICE 1992, pp. 106, 107, 108, 119, 123.
[39] I velivoli inizialmente decollavano dalle basi dislocate a Malta e in Africa settentrionale e successivamente dagli aeroporti siciliani, una volta conquistati dalle forze alleate sbarcate sull'isola.
[40] AAF 1945.
[41] *General Information* 1943, p. 45.
[42] BONACINA 2006, p. 95.
[43] *Combat Chronology* 1943, pp. 9, 10, 12, 16, 19, 25, 27, 28, 29; CARTER-MUELLER 1973, pp. 88-89.
[44] MILITARY INTELLIGENCE 1943, February 1943, pp. 6, 12, 32.
[45] *Middle East RAF* 1942-1943, January-March 1943, p. 22; MILITARY INTELLIGENCE 1943, March 1943, pp. 4, 34, 36.
[46] *Combat Chronology* 1943, pp. 29, 32, 33, 37; MILITARY INTELLIGENCE 1943, April 1943, pp. 2, 8, 10, 18, 22, 44, 46.

bombe[47]. La notte tra il 21 e 22 maggio, 51 Wellington e 4 B 24 entrarono in azione sulla stazione marittima. Le notti tra il 23 e 25 maggio i Wellington effettuarono 53 sortite, seguiti in diurna da 90 B 17 e 45 B 24. Nel mese di giugno (figg. 42,43) si ebbe un'ulteriore incremento delle attività di offesa aerea angloamericana sugli obiettivi principali, con attacchi nei giorni 5,6, 8, 14, 18, 19, 20, 25, 26, 28, 29 e 30. In particolare il 6 giugno attaccarono 50 B 24 sganciando 80 tonnellate di bombe, sette giorni dopo 33 Wellington scaricarono 68 tonnellate. Il 18 fu la volta di 84 B 17 con 171 tonnellate di ordigni sganciate, il 20 attaccarono 170 B 17, seguiti in notturna da 9 sortite di 35 Wellington ed Halifax che potevano utilizzare una vasta gamma di bombe; dal piccolo spezzone incendiario al *cockie* da 4000 libbre HE (High Explosive)[48].

Solo tra il 18 ed il 30 giugno la NAAF effettuò 317 sortite con i B 17, 566 con i B 25 e 26 e 107 con i B 24 della 9th Air Force. Il 25 136 B 17 scaricarono sulla città 319 tonnellate di bombe, seguiti 27 da 22 Wellington in notturna, da 45 il 28 con 99 tonnellate di esplosivo e il 29 con 64 unità e 120 tonnellate scaricate. Secondo gli studi di Zuckerman pubblicati nel Bombing Survey Unit, da gennaio a giugno 1943 furono sganciate su Messina 2056 tonnellate di ordigni[49].

Fig. 40 Messina. Incursione del 31 gennaio 1943 sull'area del porto, a cura dei B 24 D Liberator del 343rd e 344th Squadron /98th Heavy Bomb Group/9th Air Force, da quota 22000 piedi. Sono colpite in particolare l'area del molo *Rizzo* presso la stazione marittima. Si notano in basso gli incrociatori ormeggiati al molo *Norimberga* e il pontile *Libia*, e in alto mezzi minori presso la banchina *Colapesce*, davanti al palazzo *Littorio* (foto NARA)

---

[47] *Middle East RAF* 1942-1943, April-June 1943, pp. 28, 39; MILITARY INTELLIGENCE 1943, May 1943, pp. 2, 16, 24, 38, 40, 44, 46; *Combat Chronology* 1943, pp. 40, 42, 44, 45.

[48] *Middle East RAF* 1942-1943, pp. 50-55.

[49] D'ESTE 1996, pp. 498, 499; Mark 1994, p. 59; MILITARY INTELLIGENCE 1943, June 1943, pp. 18, 26, 28, 38, 41, 42, 44.

Fig. 41 Marzo 1943. Nell'incursione sono colpite la banchina *1° Settembre 1847*, il castello del *SS. Salvatore* all'estremità del porto falcato, la stazione e altre zone nel centro città (foto NARA)

Fig. 42 5 giugno 1943. Formazione di B 17 F del 414th Squadron / 97th Heavy Bomb Group / 12th Air Force, da quota 22000 piedi satura l'area presso il gazometro, in zona Giostra-Tremonti (foto NARA)

Fig. 43 Ritagli del quotidiano australiano *The Courier Mail*, del mese di giugno (Macarthur Museum, Brisbane foto Donato)

L'operazione Husky e l'intensificazione degli attacchi aerei

Con lo sbarco angloamericano (operazione Husky) sull'isola il 9-10 luglio 1943 (fig. 44), le incursioni e i bombardamenti si fecero ancora più intensi, spostandosi verso l'area dello Stretto, via via che la 7th e 8th Armies avanzavano nel tentativo di chiudere le truppe italotedesche a Messina, obiettivo finale della campagna (fig. 45). È bene ricordare che Husky fu l'operazione anfibia più imponente della seconda guerra mondiale, circa il numero di divisioni sbarcate il primo giorno e la lunghezza del fronte di sbarco.

Gli italiani intanto schieravano quattro divisioni mobili di fanteria, cinque divisioni costiere più due brigate e un reggimento autonomo, tre piazzeforti della R.M. e due difese porto. I tedeschi due divisioni di fanteria meccanizzata, alle quali se ne sarebbero aggiunte una terza, più parte di una di paracadutisti. La Marina Italiana non oppose sostanzialmente alcuna resistenza alle attività nemiche, se non nel caso di alcuni mezzi sottili e sommergibili, con scarsi risultati. Ciò si aggiunse agli ambigui atteggiamenti assunti circa le umilianti rese delle Piazze di Pantelleria, Lampedusa e successivamente di Augusta, che scatenarono le scontate e per certi versi logiche accuse da parte dell'OBS e dello stesso Doenitz nei confronti di Supermarina. Meglio si comportò l'Aeronautica seppur con minimi riscontri, dovuti anche all'enorme potenziale bellico angloamericano e il relativo controllo quasi totale del mare e del cielo. A seguito della progressione angloamericana verso lo Stretto di Messina, le forze italo germaniche avevano organizzato un piano difensivo, riuscendo a contenere la pressione nemica con una serie di provvedimenti tattici, ovvero una fase di contenimento basata su 4 linee difensive e 3 finali di evacuazione, passanti per i maggiori gruppi montani dell'isola, a sbarramento delle principali rotabili costiere ed interne. In questo modo si assicurava la protezione della cuspide nord orientale della Sicilia, culminate con Messina (fig. 46). Attraverso tali linee le truppe dell'asse poterono ritirarsi dai fronti occidentali e orientali dell'isola, arrivando gradualmente sino allo Stretto, nel frattempo potenziato e migliorato nei sistemi difensivi e di trasporto; quindi sbarcare uomini e mezzi in Calabria e ritirarsi verso il nord della penisola.

Nei mesi di luglio e agosto lo sforzo dell'aviazione alleata sulla penisola, sulla Sicilia e sull'area dello Stretto (figg. 47,48,49) fu dunque notevolissimo allo scopo di menomare il sistema di trasporto, distruggere le vie di comunicazione, rendere inutilizzabili le attrezzature portuali e ferroviarie e dunque arrestare e paralizzare a tutti i costi ogni attività del nemico. Esso però come detto, riuscirà a portare a compimento le operazioni di trasferimento in Calabria dei reparti della 6ª Armata italiana e del XIV Panzerkorps tedesco. Nel frattempo nonostante la presenza dell'efficiente sistema tedesco di intercettazione aerea approntato in Sicilia mediante apparati Wasserman, Freya,

Wurzburg (fig. 50), a causa della carenza di aerei da caccia in parte distrutti a terra o in combattimento, era difficile se non proibitivo opporsi alla massa di velivoli angloamericani impiegati. Luglio fece registrare attacchi nei giorni 5, 12, 14, 24, 28, 29 e 30. In particolare il 5 attaccarono 65 B 24 sganciando 185 tonnellate di bombe. Il 12, 78 B 17 e 71 quadrimotori Halifax inglesi attaccarono Messina scaricando 219 tonnellate di esplosivo, mentre B 24 incursionavano Villa San Giovanni e Reggio Calabria.

Fig. 44 Sicilia luglio 1943. Da sinistra in alto in senso orario: la USS Birmingham cannoneggia la costa agrigentina con i pezzi da 6 pollici; sorveglianza durante lo sbarco americano presso Licata (AG); attacco della Luftwaffe al convoglio americano presso Gela; fanterie inglesi in azione sotto il fuoco di un 88 mm tedesco; sbarco di mezzi da un LCT inglese; truppe americane sbarcate presso Scoglitti (RG), protette da una mitragliera pesante antiaerea Bofors da 40 mm (foto NARA)

Per gli Ufficiali soltanto della 28ª Aosta. 26ª Assietta, 202ª Difesa Costiera e la 208ª Difesa Costiera, Regio Esercito.

Capitolazione con onore

o

morte e la rovina dell'Italia

Qual'è vostra scelta come uomini che devono ricostruire un'Italia libera ed indipendente ?

Le vostre unità sono isolate come i resti delle due divisioni di Hitler in ritirata davanti alle armi superiori, carri blindati e le forze aeree degli eserciti Alleati.

Hitler e Mussolini vi hanno abbandonato — i due che vi hanno lanciato in questa guerra senza ragione,

quando è stata l'ultima volta che le truppe di rinforzo sono arrivate in Sicilia ? Dove sono i vostri cannoni ? Quando è stata l'ultima volta che avete visto nuovi carri blindati ? Dove sono gli aeroplani Italiani e Tedeschi ? Vi aiutano ? No. Come Palermo anche Messina è in rovina. Non passano più navi, nemmeno di notte. Non è più questione di evacuare per le vie del mare. La Battaglia della Sicilia non vi ha mai offerto la possibilità di evacuare, meno che la Battaglia della Tunisia.

NON SI TRATTA PIU DI EVACUAZIONE. La questione ora è se voi intendete di opporre una resistenza senza scopo e inutile mentre la preponderanza delle forze supriori di carri blindati, di cannoni e di aeroplani degli eserciti degli alleati avanzano addosso alle vostre divisioni isolate ed abbandonate. Questa è la morte.

Come ufficiali, voi siete ciecamente obbedienti agli ordini del Duce che vi portò in Etiopia, nella Spagna, nell'Albania, nella Grecia, in Francia, in Libia. Basta! Non fate omaggio alla lunga

Fig. 45 Guerra psicologica. Volantino lanciato sulle truppe italiane durante le fasi finali della campagna di Sicilia, con l'intento di indurle alla resa (Collezione Riccobono foto Donato)

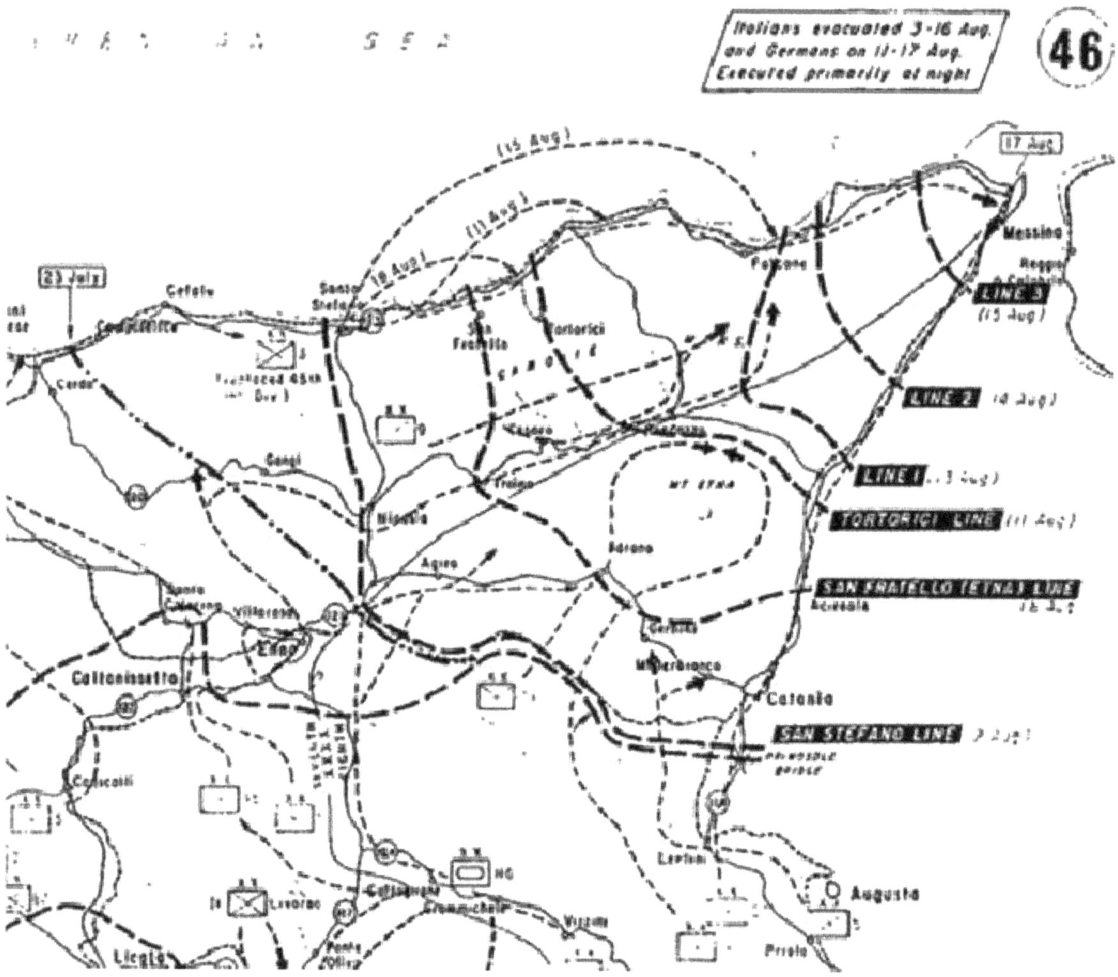

Fig. 46 Carta americana con evidenziate in particolare le 3 grandi linee difensive e le 3 linee di evacuazione tedesche verso lo Stretto di Messina (da WHITE 1947)

Il 14 luglio i B 17 (96), B 24, B 25 e B 26 sganciarono 500 tonnellate di ordigni. Il *Diario Storico del Comando Dicat di Messina*, precisa che il 14 dalle 10.37 alle 12.55 due distinte ondate composte da 100 quadrimotori e 50 bimotori ciascuna, bombardarono il tratto compreso tra il porto e la fascia costiera sino a Gazzi e tra il torrente Trapani e il Ponte Americano, facendo saltare in aria un piroscafo carico di munizioni ormeggiato nel porto. Tra le 14 e le 16, la città fu nuovamente incursionata da due formazioni di complessivi 86 quadrimotori che provenienti da ovest- sud ovest e nord ovest, da una quota di 6000 metri sganciarono bombe presso l'Istituto dei Salesiani, il cimitero, il duomo, in zona Santo, Pietrazza, tra Gazzi e il torrente Boccetta, Pizzo Chiarino e S. Lucia Sopra Contesse, dove crollò parte dell'imboccatura di un ricovero. Si contarono 3 aerei abbattuti e altri danneggiati. Nel frattempo 8 aerei attaccarono in picchiata la batteria MS 713 sganciando alcune bombe sulla spiaggia. Dalle 22, 55 alle 2,15 una formazione di aerei provenienti da ovest e nord ovest, bombardò da 4000 metri le zone di Pietrazza, Camaro, Pompei e il porto. Il tiro contraereo, le fotoelettriche, gli impianti nebbiogeni funzionarono bene e vari aerei nemici risultarono colpiti[50].

La notte tra il 15 e 16 i Wellington effettuarono 62 sortite su Reggio, Villa SG, Vibo e Crotone scaricando inoltre 2.300.000 volantini. Il 16 fu la volta di 100 B 17 su Messina e Villa. Lo stesso giorno un fonogramma del comandante della 6ª armata ordinava al Comando Marina di Messina, che per non pregiudicare l'efficienza delle piazze militari dell'isola, nessun impianto, deposito ecc, doveva essere distrutto o danneggiato.

[50] Archivio XXXI MILMART, I Serie, b. 5.

Il giorno 20 su ordine dell'amm. di sq. Barone, il comandante del 1° Gruppo Legioni Milmart, console generale De Lillo, ordinò a sua volta al personale dipendente che pena la morte, nessuna distruzione per nessun motivo dovesse avvenire nelle batterie prima e durante la lotta; che nessuno tra ufficiali e legionari doveva abbandonare il proprio posto di combattimento; che le batterie durante la ritirata si dovevano sacrificare secondo la gloriosa tradizione dell'Artiglieria Italiana; che tutti dovevano combattere intorno ai pezzi fino a quando il nemico fosse stato respinto o la batteria fosse stata sopraffatta. Nel frattempo alle azioni offensive dei bombardieri si alternavano quelle dei caccia P 40 Warhawks e A36 Apache, i quali in 59 attaccarono il porto danneggiando varie navi. Le azioni dei caccia furono ripetute nei giorni 26, 28 e 29.

Nei primi 17 giorni di agosto che coincidevano con gli ultimi della battaglia di Sicilia, gli attacchi aerei furono effettuati praticamente tutti i giorni senza soluzione di continuità. Mentre i grossi bombardieri attaccavano le attrezzature, le vie di comunicazione e i punti di imbarco sulle spiagge, quelli medi. I caccia si concentravano sui mezzi operanti tra le due sponde dello Stretto carichi di materiale e uomini.

Dall'1 all'8 agosto si avvicendarono su Messina e l'area nord presso Capo Peloro 121 B 17, 269 Wellington e 225 vari caccia. In particolare giorno 5, 69 B 17 scortati da caccia P 40 sganciarono sugli obiettivi 207 tonnellate di bombe, mentre la notte 61 Wellington ne scaricarono altre 100. Il 6 invece attaccarono 57 B 17 e 59 P 40, seguiti in notturna da 39 Wellington, mentre il giorno successivo si avvicendarono 74 P 40 ed in notturna 78 Wellington con 108 tonnellate di bombe scaricate. L'8 fu la volta di 16 P 40 e 12 cacciabombardieri A 20 Havoc e la notte ritornarono in azione 77 Wellington con 139 tonnellate di esplosivo sganciate. Il 9 attaccarono i caccia P 40 e 42 medi B 25 insieme a 52 B 17 che sganciarono 166 tonnellate di bombe. La notte intervennero 83 Wellington, così come il 10 allorquando in 88 colpirono gli obiettivi con 175 tonnellate di ordigni. L'11 intervennero 62 P 40, il 12 90 Wellington, il 13 167 P 40 attaccarono i mezzi nemici nello Stretto insieme a 23 B 25, mentre in notturna 70 Wellington incursionarono le spiagge colpendo con 139 tonnellate di bombe. La notte del 12 agosto i Wellington sganciarono 339.5 t di bombe, seguiti la notte del 15 dai caccia e bombardieri medi con 153.6 t. Il 13, 4 B17 del 340th BG[51], attaccarono le spiagge a sud della città. Il 14 fu la volta di 11 A 20, il 15 si avvicendarono 180 caccia P 40 e 35 B 25 e di notte 22 A 20. Il 16 gli obiettivi furono attaccati da 12 B 17 del 340th BG, 50 B 25, caccia P 40 e bombardieri leggeri A 20 e Martin Baltimore, tra Messina Ganzirri e Capo Peloro. Gli ultimi attacchi sull'area compresa tra Messina, il golfo di Gioia Tauro e Palmi, furono portati giorno 17 da un totale di 162 caccia P 40[52].

Le attività di attacco e bombardamento specialmente notturno, si rifacevano per organizzazione, intensità e costanza al cosiddetto *milk run*, in riferimento a quel sistema logistico che prevede un ciclo continuo di distribuzione di un determinato prodotto. Nello stesso modo gli aerei, scaricate le bombe sugli obiettivi, rientravano alle basi per rifornirsi e dunque ritornavano nuovamente sugli obiettivi da colpire. Secondo il rapporto del NAAF, *Analysis of bombing operations*, dal 31 luglio al 10 agosto l'aviazione alleata effettuò 528 incursioni diurne e notturne scaricando 1217 tonnellate di bombe sugli obiettivi, mentre i caccia bombardieri con 758 sortite sganciarono 198 tonnellate di ordigni sui mezzi navali nemici[53]. Dal 29 luglio al 17 agosto su un totale di 9989 missioni, 2514 furono effettuate su Messina. In particolare tra il 13 e il 16 agosto il NAAF effettuò sullo Stretto 1173

[51] SWEARINGEN 2009, pp. 3, 4.

[52] MARK 1994, p. 75; *Middle East RAF* 1942-1943, July-September 1943, pp. 18, 20, 21, 22, 31, 36, 39, 42; MILITARY INTELLIGENCE 1943, July 1943, pp. 8, 22, 26, 54, 60; MILITARY INTELLIGENCE 1943, August 1943, pp. 14, 15, 16, 18, 20, 26, 28, 30, 38; CARTER-MUELLER 1973, p. 175.

[53] D'ESTE 1988, p. 508.

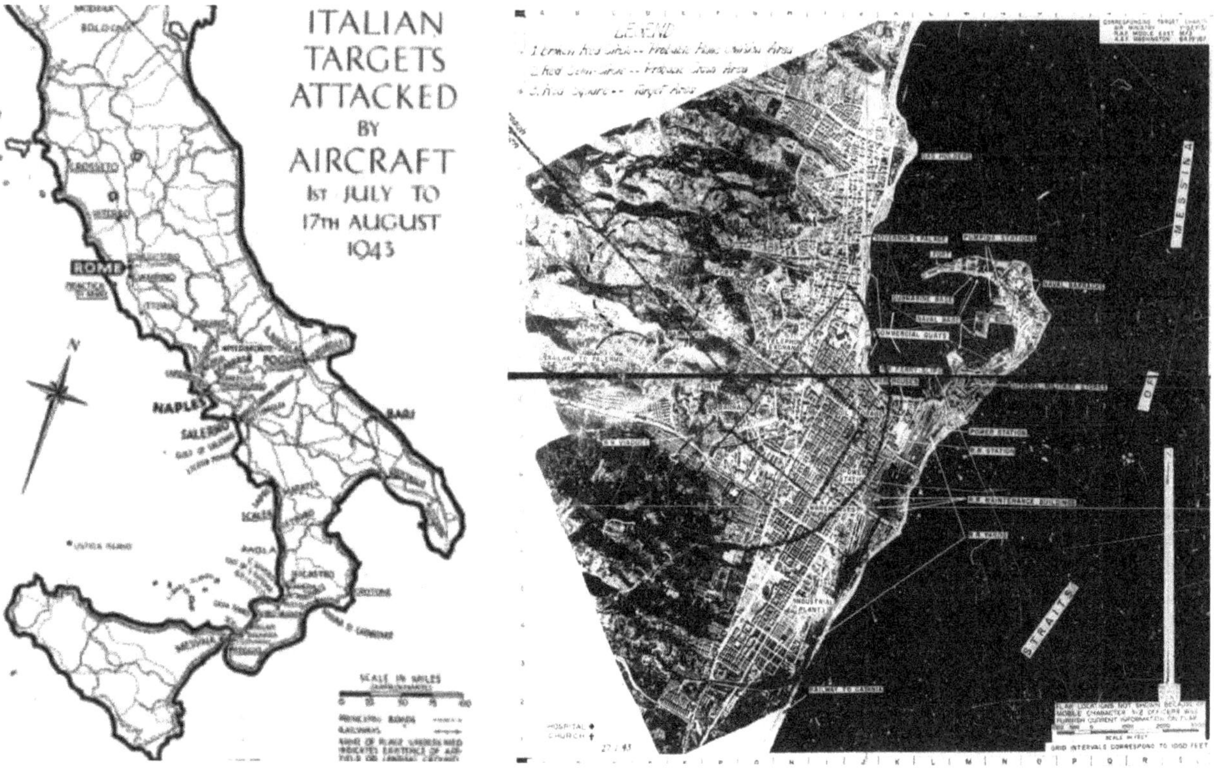

Fig. 47 A sinistra, mappa degli obiettivi italiani attaccati dall'1 luglio al 17 agosto 1943. A destra dettagliata target chart di Messina, con indicate le aree di intervento e la rotta di approccio e ritorno degli aerei (*RAF Mediterranean Review no 4*, 1943; AAF 1945)

Fig. 48 Una delle tre pesanti incursioni effettuate il 14 luglio 1943 sulla ferrovia e lo scalo (foto NARA)

Fig. 49 Messina. Tratto compreso tra le stazioni marittima e centrale, danneggiato dai bombardamenti (da LIFE, September 1943)

Fig. 50 I radar tedeschi in Sicilia. Da sinistra tipo Freya, Wasserman e Wurzburg (foto NARA)

sortite antishipping di cui: 963 a cura de caccia P40 e A36 e 227 dei bombardieri medi B 25 e leggeri A 20[54]. Il 15 in 96 incursioni angloamericane furono colpiti 28 bombardieri e 30 cacciabombardieri, mentre il giorno dopo 44 bombardieri su 96 incursioni. Nei mesi di maggio, giugno luglio ed agosto risultavano danneggiati anche 10 B 17 in azione sullo Stretto. [55]

L'area del porto rimase costantemente uno degli obiettivi prioritari dell'aviazione alleata. Zuckerman calcola che ad essa spettò il 35% del totale delle bombe angloamericane. Quindi considerando le incursioni relative agli anni precedenti e quelle effettuate dal 26-27 gennaio al 16-17 agosto 1943 e calcolando che su Messina fu scaricato un totale di circa 6000- 6500 tonnellate di bombe, si evince che oltre 2200 caddero sull'area del porto, pesantemente danneggiato. Secondo il Comando della 22ª Flak Brigade, l'aviazione alleata dal 10 luglio al 17 agosto subì l'abbattimento di 195 aerei[56]. Tuttavia considerando che un aereo colpito non significasse necessariamente abbattuto, alcuni dati parziali più verosimili indicano che dal 29 luglio al 17 agosto furono persi circa 31 velivoli angloamericani, mentre il 15 e 16 agosto vennero colpiti 72 bombardieri e 30 cacciabombardieri[57]. La difesa contraerea italo tedesca fu considerata dai piloti avversari sempre pesante e intensa. Quindi essa non è giudicabile solo in base al numero dei velivoli abbattuti, ma

[54] CARTER-MUELLER 1973, p 175; MARK 1994, p. 74.
[55] DRAIN 1998, pp. 22, 23, 24, 25, 34.
[56] SANTONI-MATTESINI 2005, p. 457.
[57] D'ESTE 1988., pp. 508, 509, 514,535, 536.

piuttosto nel complesso delle attività e specialmente circa il risultato ottenuto. A tal proposito il 15 agosto un ufficiale della Tactical Air Force affermava: "*The immense concentration of flak on both sides of the narrows makes it impossible to go down and really search for targets with fighter bombers. It also greatly restricts the use of light bombers*". Il comandante Von Liebenstein conferma nel suo diario tali fatti: "*Only in the Messina Strait the enemy displays caution and avoids actual low-level attacks, as there he is brought under fire from all sides*" [58].

Il rafforzamento delle difese della piazza di Messina, gennaio - agosto 1943

Già a partire dei primi mesi del 1943 la difesa dell'area dello Stretto era stata aggiornata e migliorata. Il 4 gennaio il Ministro della Marina riferì circa le batterie e mitragliere poste a difesa c.a. della piazza di Messina. Il 20 fu trasmesso l'ordine di riesaminare la possibilità di potenziamento della difesa c.a. Il 25 furono impartire disposizioni all'Oberbefelshaber Sud (Kesselring rimase in tale carica cedendo però il comando della 2ª Luftflotte al parigrado Von Richtofen nel giugno del 43) per il potenziamento della difesa aerea dello Stretto di Messina. La missiva del Comando Marina di Messina datato 30 gennaio a firma dell'ammiraglio di sq. Barone, evidenzia la necessità urgente di rafforzare la difesa c.a. specialmente nel settore nord della città, a causa dell'aumentare delle incursioni aeree nemiche e in previsione di un ulteriore incremento.

Il 16 gennaio fu deciso l'allestimento di moli e porti minori, al fine di provvedere al trasporto delle merci indispensabili ai bisogni civili e militari. Si produssero relazioni e comunicazioni anche il 14, 17 e 23 febbraio nonché l'1 e 22 aprile. L'allegato n 1 dell'allegato 1489, documento n 64 datato 14 febbraio, calcola circa la situazione della difesa c.a. in Sicilia, un totale di 34 località difese, 88 batterie da alta quota, 19 da media quota, 350 armi da 20 mm e 85 proiettori[59].

Nel gennaio 1943 la situazione delle batterie della Piazza si presentava nel complesso già migliorata e incrementata rispetto agli anni precedenti. In totale infatti si contavano 31 batterie italiane di cui: 4 costiere da 280/9; 2 da 152/45; 1 da 152/50; 1 da 120/50; 1 da 120/40; 12 doppiocompito da 76/40, 90/42 e 90/53; 10 contraeree da 76/40, 90/42 e 90/53, più 4 tedesche Flak da 88. Nel frattempo era stato edificato un fronte a terra composto da svariate decine di opere permanenti di varia natura, aventi lo scopo di sorvegliare aree sensibili e vie di penetrazione nel territorio della piazza, potenzialmente utilizzabili dal nemico (fig. 51).

L'1 febbraio a causa dei reiterati attacchi sul porto, il Comando Marina di Messina emanò varie urgenti disposizioni, tra cui: il trasferimento degli uffici principali in luoghi sicuri, mantenendo in loco il numero minimo di personale necessario, capace all'occorrenza di rifugiarsi nei ricoveri esistenti; orari che tenessero conto degli attacchi aerei diurni; varie misure di sicurezza per le navi in porto e per alcuni moli, nonché il divieto di ormeggio delle cisterne d'acqua presso le invasature delle navi traghetto.

Nel mese di aprile il Comando Milmart di Roma disponeva che le batterie Flak da 88 mm dislocate sulla costa sicula, in zona Crispi, Cappuccini, Gazzi, Pietrazza e Gravitelli, fossero servite anche da personale italiano[60]. Nel mese di luglio la situazione era decisamente migliore. Nel frattempo il Comando Milmart era stato trasferito dalla caserma *Sabato* in zona Cappuccini, presso un edificio dotato di apposito ricovero, mentre i Comandi FAM e Dicat si trovavano presso il castello *Gonzaga*. Intanto la forza della 6ª Legione contava: 170 ufficiali, 373 sottufficiali e 3957 legionari.

---

58 MARK 1994, p. 75.
59 *Diario-Comando* 2002, pp. 33, 135, 161,173, 206, 406, 423, 824, 1037.
60 AUSMM, Archivio XIII MILMART, II Serie, b. 005, f. 1.

Fig. 51 Alcuni esempi delle tante opere componenti il fronte a terra della piazza di Messina. 1 e 2. postazioni circolari su due livelli per arma leggera e controcarro; 3 postazione con rivestimento in roccia locale e palpebra protettiva; 4. postazione circolare monoarma; 5. postazione per cannone controcarro mimetizzata da manufatto civile e tunnel ipogeo attivo; 6. postazione controcarro protetta con incavi per il posizionamento del cannone; 7. postazione protetta per cannone controcarro, con apertura circolare centrale per l'approvvigionamento delle munizioni dal locale sottostante; 8. postazione circolare a pozzo del tipo Tobruk per arma leggera; 9. ricovero alla prova (foto Donato)

Il 14 luglio a seguito all'ordine del Comando Supremo circa l'inserimento della difesa della Piazza nell'organizzazione costiera del R. E., Supermarina dispose la scissione tra il Comando Militare Autonomo della Sicilia e il Comando Marina di Messina, che sarebbe passato alle dipendenze del locale Comando Piazza. Il 18 però lo stesso Comando Supremo transitò il Comando Piazza alle dipendenze del XVI Corpo d'armata. Il 22 ordinò che il Comando Piazza si distaccasse dal Comando Militare Autonomo della Sicilia, per passare il 27 luglio agli ordini del generale di divisione Bozzoni, dipendente dal XVI Corpo d'Armata, con un contrammiraglio in sottordine per la direzione del Comando Marina.

L'ammiraglio Barone manteneva il comando della Marina di Sicilia, nonché gli incarichi circa il traffico nello Stretto e i movimenti nei porti e nelle spiagge[61]. A luglio dunque, nonostante i tedeschi avessero già piazzato i loro ufficiali riguardo le operazioni nell'area dello Stretto, di fatto sotto il loro controllo, il comando formale spettava ancora agli italiani.

[61] SANTONI 1989, pp. 251, 299, 355.

Comando Militare Marittimo della Sicilia  ammiraglio di squadra *Barone*	**Piazza di Messina/ Reggio Calabria**  generale di divisione *Bozzoni*	**Truppe R. E.**  generale di brigata *Monacci*
1° Gruppo Legioni Milmart  console generale *De Lillo*	**6ª Legione Milmart**  console comandante *Tomasello*	**Difesa M.M.**  capitano di fregata *Casoria*
Fronte a Mare  seniore *Torchio*	**Stretto di Messina**  oberst *Baade* (Heer)	**Trasporti navali**  fregattenkapitän *von Liebenstein* (Kriegsmarine)
Sicurezza navale  kapitän zur See *von Kamptz* (Kriegsmarine)		

A seguito della caduta del regime, la MVSN perse le sue funzioni politiche ma non quelle operative per stessa decisione del nuovo Capo del Governo, maresciallo d'Italia Badoglio, che la indicò quale parte integrante delle FFAA. Le varie specialità della Milizia rimasero dunque attive e furono riformate in base alle direttive del comandante, generale di corpo d'armata Armellini. Il distaccamento della R. Marina presso il Comando della caserma *Sabato* ammontava a 6 ufficiali, 14 sottufficiali e 107 marinai, il Comando Difesa R. Marina ed enti dipendenti si componevano di 33 ufficiali, 228 sottufficiali e 1332 marinai.

Circa lo schieramento di artiglieria, l'*Ordine di battaglia della Piazza Marittima di Messina / Reggio Calabria,* difesa da appositi reparti al comando del succitato generale Monacci, indica che le batterie pesanti in posizione, consistevano in un totale di 44 italiane dal 37 al 280 mm, più 16 tedesche da 88 e 105 mm coadiuvate da 8 apparecchi radiolocalizzatori. Queste ultime nel mese di agosto incrementarono il numero ad almeno 20 più 4 costiere da 170 mm. (fig. 52,53,54). È dunque possibile calcolare un totale di 68 batterie pesanti italotedesche (fig.55), poste a difesa dell'area dello Stretto dall'1 al 17 agosto 1943, così suddivise:

- Settore Siculo:
    - batterie costiere da 280/9 *Masotto, Cavalli*;
    - batterie costiere da 152/45 *Spartà, Margottini*;
    - batteria costiera da 120/50 *Mezzacapo*;
    - batterie doppiocompito da 76/40 MS 713, MS 611, MS 3, MS 400;
    - batterie doppiocompito da 90/42 MS 525, MS 123, MS 159 (fig. 56);
    - batterie doppiocompito da 90/53 MS 620 (fig. 57), MS 280;
    - batterie contraeree da 37/54 MS 553, R. E. 344;
    - batterie contraeree da 76/40 MS 477, MS 577, MS 253, MS 905;
    - batterie contraeree da 90/53 MS 328 (fig. 58), MS 724, MS 120, MS 277, MS 434, MS 475, MS 949, MS 349, MS 807, MS 940, MS 881;
    - batterie tedesche contraeree da 88: 8.
- Settore Calabro:
    - batterie antinave da 280/9 *Pellizzari, Beleno*;
    - batteria costiera da 152/50 *Conteduca*;
    - batterie doppiocompito da 90/42 MS 110;
    - batterie doppiocompito da 90/53 MS 268, MS 643, MS 819;
    - batterie contraeree da 76/40 MS 374 (fig. 59);

- batterie contraeree da 90/53 MS 116, MS 430[62];
- batterie tedesche costiere da 170 mm: 4; contraeree da 105: 4; contraeree da 88: 8

A queste si aggiungevano circa 150 pezzi mobili lungo le coste[63].

L'artiglieria contraerea rappresentava la spina dorsale della difesa fissa, seppur coadiuvata dall'aviazione insieme ai vari sistemi di avvistamento, allarme e sbarramento contro i velivoli nemici. Riguardo quella tedesca, le unità di base della Flak era l'abteilung (battaglione) che formava il regiment, mediante 3 battaglioni di cui i primi due dotati di 2 batterie pesanti e 2 leggere con fotoelettriche da 60 cm, e il terzo di 3 batterie e 9 fotoelettriche da 150 cm. Normalmente le batterie Flak pesanti con 4 (in molti casi anche 6) pezzi erano disposte entro un'area di circa 60 metri, dotate di una o due direzioni tiro nonché dell'equipaggiamento utile al controllo e gestione del fuoco. Le batterie leggere erano invece distribuite entro un'area ampia dai 70 ai 140 metri.

Dal punto di vista gestionale l'area dello Stretto, di vitale importanza in quanto unica via di rifornimento verso il fronte di guerra siciliano e nel contempo di ritirata in continente, era intesa dai tedeschi come area di difesa fissa, all'interno del quale operava un omonimo sistema con relativo Comando. Esso aveva il compito di assicurarne al massimo la sicurezza, prevenendo e ostacolando gli attacchi aerei nemici. Dal Comando Flak dipendevano i Flakgruppen, spesso suddivisi in Flakuntergruppen (sottogruppi) operanti con vari compiti in base al settore geografico da controllare[64]. Nel caso dello Stretto si trattava dei Flakuntergruppen *Messina* per il settore siculo e *Reggio- Villa San Giovanni* per quello calabro; facenti parte della 22ª Flak Brigade al comando dell'oberst Nieper, sottoposto agli ordini dell'oberst Baade quale comandante dello Stretto di Messina. Le batterie pesanti in particolare erano posizionate sia nei dintorni che all'interno dell'area oggetto della difesa, in base alla ipotizzata linea di approccio aerea nemica. Esse operavano con l'ausilio di sistemi automatici, secondo vari metodi (tiro diretto, indiretto, di concentrazione, di sbarramento ecc.) in relazione al tipo di attacco nemico.

Fig. 52 Bandiera della Flakartillerie (da HOGG 2002)

[62] Oltre la MS 374, risultano ancora esistenti le batterie MS 268, MS 116, MS 430 e Conteduca, già Punta Pellaro.

[63] D'ESTE 1988, p. 502.

[64] *German antiaircraft* 1943, pp. 78,79,83,84,85, 86.

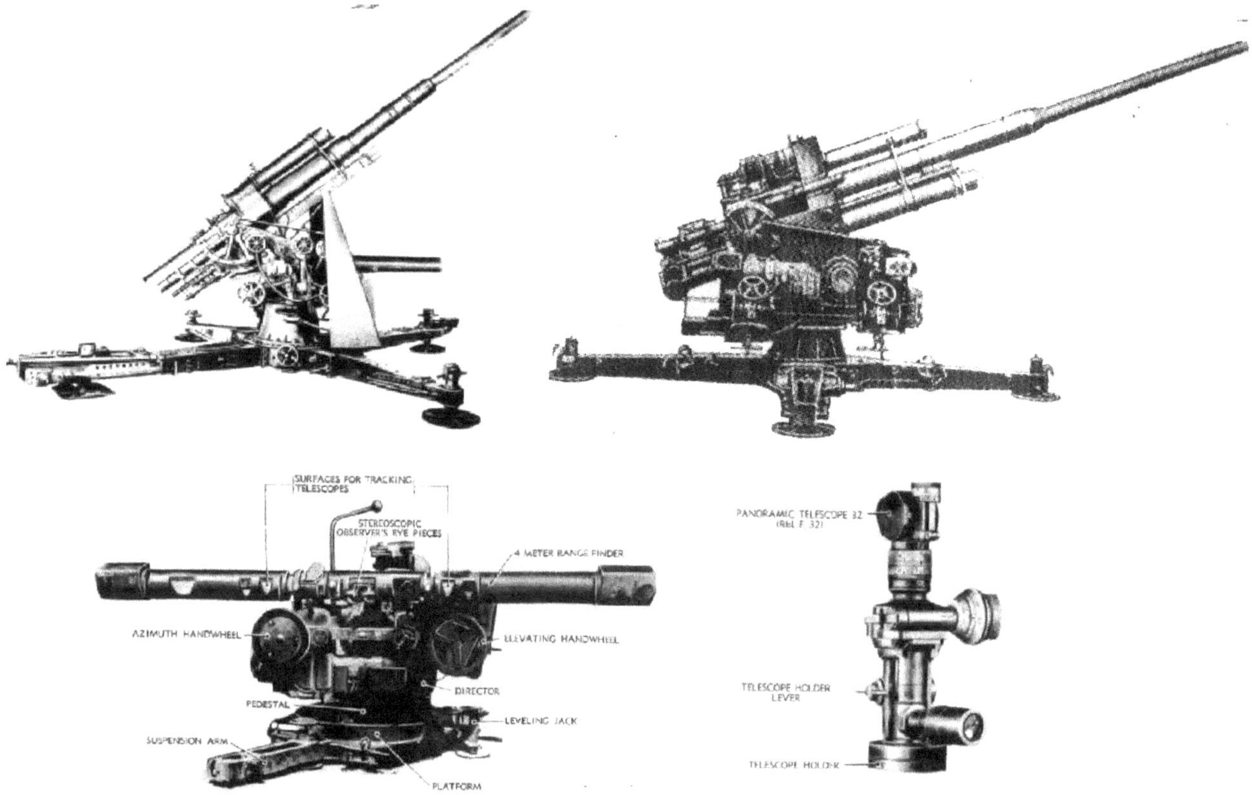

Fig. 53 Cannoni contraerei tedeschi da 88 e 105 mm. In basso a sinistra il telemetro stereoscopico Kommandogerat 36. A destra il telescopio panoramico rbl. F. 32 (da MILITARY INTELLIGENCE 1943; HOGG 2002)

Fig. 54 Il cannone tedesco da 170 mm in Mörserlafette (da HOGG 2002)

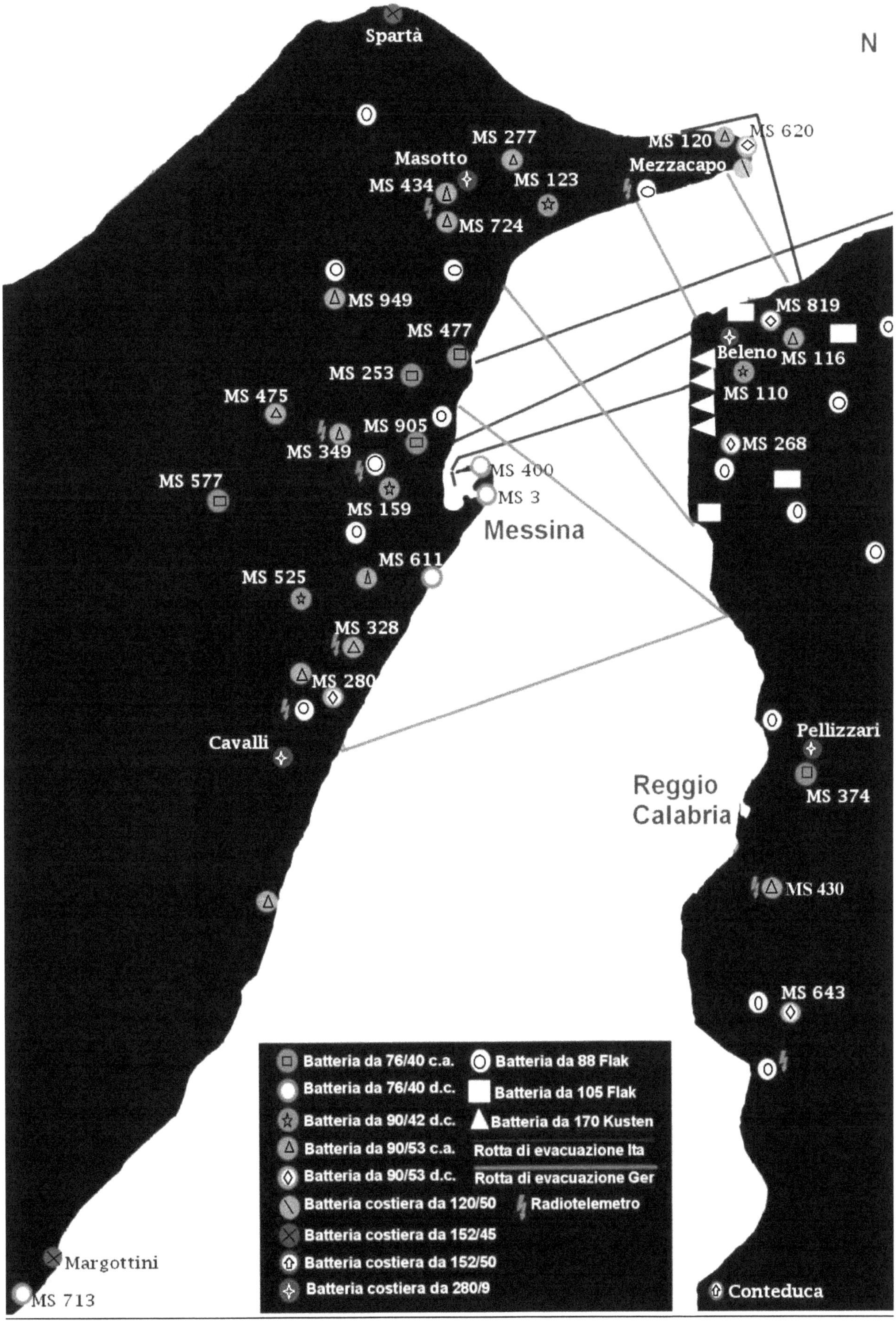

Fig. 55 Schieramento delle batterie pesanti italo-tedesche in posizione nell'agosto 1943 e rotte per l'evacuazione dalla Sicilia (elaborazione Donato)

Fig. 56 Messina quota 160 m. Batteria *MS 159* da 90/42. Piazzola con riservetta munizioni ipogea (foto Donato)

Fig. 57 Messina. L'unica piazzola rimasta della batteria *MS 620* da 76/40 poi 90/53. Particolare dei vani per le munizioni, dell'àncora in rilievo posta sul muro esterno e dell'iscrizione residua «credere» del motto fascista «credere obbedire combattere» (foto Donato)

Fig. 58 Messina quota 110 - 120 m. Batteria *MS 328* da 76/40 poi 90/53. Piazzola con retrostante riservetta munizioni ed edificio della direzione tiro (foto Donato)

Fig. 59 Pentimele (Reggio Calabria) quota 270-250 m. Batteria *MS 374* da 76/40. Una delle quattro piazzole con le riservette munizioni di pronto impiego. L'opera è integra così come i vari manufatti presenti in loco, tra cui gli edifici della direzione tiro, della stazione ripetitrice e del telegoniometro (foto Donato)

Il corposo schieramento difensivo dello Stretto, chiamato dal 2 agosto *flak glocke von Messina*[65], consentì dunque alle forze italotedesche giunte in città sotto la pressione angloamericana contenuta già a partire dalle prime settimane di luglio, di sottrarsi alla cattura sull'isola sbarcando in tutta sicurezza in continente un cospicuo numero di uomini, mezzi e materiale vario. I continui e vari attacchi arerei angloamericani infatti non riuscirono ad intaccare la massiccia e formidabile difesa dello Stretto, definito dai piloti the *hell hole*[66] *o the flaming arch,* e quindi interdire e interrompere le attività nemiche, le quali come detto raggiunsero il pieno successo con danni e perdite tutto sommato trascurabili. L'efficienza della difesa antiaerea dello Stretto, si meritò l'elogio personale dell'OBS in persona, feldmarshall Von Richthofen.
Altrettanto fondamentale era la difesa navale e antisommergibile[67] che mirava ad impedire le azioni nemiche, annullandone mediante appositi mezzi, l'effetto sorpresa. Sin dall'ingresso italiano in guerra, nell'area dello Stretto e acque limitrofe si ebbero svariati episodi circa attacchi, affondamenti e scontri. Tuttavia è opportuno focalizzare l'attenzione sul periodo relativo alle ultime fasi della campagna di Sicilia. Agli inizi di giugno le schnellboote (motosiluranti) della 3ª e 7ª Flottille furono mese sotto il comando della Regia Marina di Messina. Tuttavia i problemi legati alla lentezza della traduzione degli ordini, comportò alla fine del mese il passaggio del comando alla Kriegsmarine[68]. Il 17 luglio a Messina fu trasferito il Comando di 12 schnellboote della 3ª Flottille e 8 della 7ª, con basi operative a Salerno e Crotone[69]. Esse, dipendenti da quello tedesco a Roma (vizeadmiral Ruge)[70], erano utili per il servizio di perlustrazione notturna a sud dello Stretto contro le incursioni notturne delle MTB (motor torpedo boat-siluranti) e MGB (motor gun boat-moto cannoniere) inglesi, aventi base a Siracusa.

Il 16 luglio a sud ovest di Reggio Calabria, si scontrarono 7 motosiluranti tedesche e 7 motocannoniere e siluranti inglesi con danni a due mezzi tedeschi (S -51 e 151) e uno inglese (MTB-57). La notte del 20 luglio gli schnellboote tedeschi R 38, 86, 178 e 188 presero contatto con 4 MTB inglesi ad ovest di Capo Spartivento. La mattina del 17, l'incrociatore *Scipione* in transito nello Stretto, in prossimità di Reggio Calabria respinse con le proprie artiglierie l'attacco di 4 MTB inglesi affondando la 316. Anche le batterie costiere italiane e tedesche fecero buona guardia, affondando il 14 luglio la MGB 641 e danneggiando il 16 e il 19 le MTB75 e 77. Il 15 agosto le batterie costiere tedesche da 170 mm, affondarono la MTB 665[71].

La Piazza di Messina fu retta dall'amm. di sq. Barone sino al 9 agosto 1943, quindi sciolta insieme al Comando Autonomo R. M. della Sicilia e ceduta sotto il controllo tedesco al R. E. col gen. di div. Bozzoni, che a sua volta lasciò il comando al gen. di brig. Monacci, già comandante delle truppe del R. E. Nel frattempo il XIV Panzerkorps del gen. der panzetruppen Hube, in Sicilia dal 15 luglio, il 2 agosto aveva assunto ufficialmente il controllo di tutte le truppe italotedesche (quindi anche della 6ª Armata italiana di Guzzoni) dislocate sull'isola. Ciò diede ai tedeschi assoluto potere decisionale circa la condotta delle operazioni in Sicilia e in riva allo Stretto, compresa l'organizzazione difensiva e dei trasporti. Il 10 agosto tutti i restanti Comandi principali italiani vennero trasferiti in continente, compresi quello della 6ª Armata e quello del XVI Corpo d'Armata. (fig. 65) Nel frattempo cedeva l'ultima linea di resistenza italotedesca, con il conseguente rientro dietro le 3 linee finali di evacuazione in direzione dello Stretto.
Il 14 luglio l'oberst Baade (fig. 64), già a capo dell'omonimo Comando istituito in Sicilia a febbraio, per ordine diretto di Kesselring era stato nominato comandante della fortezza di Messina, ovvero

---

[65] HOOTON 1997, p. 229.
[66] HIRSH 1965, p. 154.
[67] L'area dello Stretto era pattugliata da sommergibili inglesi della classe "U" e in parte da alcuni U-Boote tedeschi, uno dei quali, l'U 561 appartenente al gruppo "HAI", fu affondato da una MTB inglese nel luglio 1943.
[68] FRANK 2007, p.150.
[69] A Messina fu trasferito anche il Comando treni armati.
[70] FRANK 2007, p.83.
[71] SANTONI 1989, p. 399; SANTONI-MATTESINI 2005, pp. 373, 432, 433, 439, 440, 458.

Kommandeur der Messina Straße. Egli ad agosto prese ufficialmente il comando delle operazioni in qualità di responsabile ristrutturazione sistemi di difesa e allarme, direzione artiglierie, coordinamento fasi di ritiro truppe tedesche, controllo traffico e coordinamento servizi di traghettamento. Per la parte navale, già a maggio era stato scelto quale *Seetransportführer MessinaStraße,* il fregattenkap. Von Liebenstein già comandante della 2ª Flottille, agli ordini del *Sicherungschef* kap. zur see Von Kamptz. I tre ufficiali, forti della già citata assunzione tedesca del comando di tutte le forze presenti in Sicilia, ebbero di fatto pieni poteri di controllo delle operazioni nello Stretto e totale autonomia di azione e organizzazione, al fine di portare a termine l'evacuazione dall'isola. A Messina dopo il 10 agosto 1943 la situazione dei principali Comandi, con quelli italiani ormai subalterni a quelli tedeschi, era la seguente:

Piazza di Messina/Reggio Calabria generale di divisione *Bozzoni* (sostituito dal gen. Monacci)	**Piazza di Messina** generale di brigata *Monacci*	**Traffico navale** contrammiraglio *Parenti*
Nucleo avviamento e smistamento in continente residui reparti 6ª Armata Italiana colonnello *Salamo*	**1° Gruppo Legioni Milmart** console generale *De Lillo*	**6ª Legione Milmart** console comandante *Tomasello*
Stretto di Messina oberst *Baade* (Heer)	**22ª Flak Brigade** oberst *Nieper* (Luftwaffe)	**Sicurezza navale** kapitän zur See *Von Kamptz* (Kriegsmarine)
Trasporti navali fregattenkapitän *Von Liebenstein* (Kriegsmarine)		

Le operazioni finali di traghettamento italiana e tedesca, sorvegliate da motodragamine tedesche e motosiluranti italiane, furono distinte. La prima iniziò il 3 agosto con 13 Motozattere MZ, 3 piroscafi e 2 traghetti operanti su 5 distinte rotte, che nei giorni successivi si ridussero a un solo traghetto e 3 MZ. La seconda vide la fase più intensa e determinante con l'operazione *Lehrgang* giorno 11. Tale operazione era stata decisa dal generale Hube e il suo SM a causa dell'aggravarsi della situazione sull'isola. Il capo di SM di Hube, colonnello von Bonin era stato incaricato di far approvare il piano a Kesselring a Frascati. Quest'ultimo a sua volta riuscì ad ottenere il consenso dall'OKW senza che Hitler si opponesse. Il generale Hube aveva stabilito l'inizio dell'evacuazione per la prima settimana di agosto informando il capo della 6ª Armata italiana, generale Guzzoni. Tuttavia l'avanzata angloamericana lo costrinse a cambiare data fissandola per il giorno 6 agosto, ma l'ulteriore progressione americana lungo la costa settentrionale, fece si che l'inizio dell'operazione fosse rinviata alla sera dell'11 agosto. Furono utilizzate 7 marinefahrprahme, 16 landungsboot, 13 siebel fahre più circa 80 piccole imbarcazioni del tipo sturmboot, operanti su 6 rotte principali e dirette dai capitani di corvetta Zimmermann (4ª Flottille) e Whermann (2ª Flottille), dal ten. di vasc. Einecke (10ª Flottille) e dal capitano Paul (771° Pioneer btl.), tutti agli ordini del cap. di freg. Von Liebenstein. Entrambe le operazioni furono portate a compimento tra il 16 e il 17 agosto. Gli italiani nonostante varie e notevoli difficoltà di ogni genere, dal 3 al 17 agosto traghettarono in Calabria un totale di ben 62.323 uomini; 45 artiglierie; 227 automezzi; 300 motocicli; 12 muli. I tedeschi con 4660 traversate di cui 1400 il giorno 16, espletate mediante un efficace sistema roll -on /roll -off, evacuarono: 39.569 uomini; 9605 autoveicoli; 47 carri armati; 128 artiglierie; 17.800 tonnellate di materiale vario; di cui con l'op. *Lehrgang*: 25.669 uomini; 40 panzer vari; 94 artiglierie; 6855 tonnellate di materiale vario. Quindi in totale da 3 al 17 agosto furono evacuati: 101.893 uomini; 10.132 autoveicoli; 173 pezzi di artiglieria; 47 carri armati; 12 muli; 17.800 tonnellate di materiale vario. La difesa contraerea funzionò come detto egregiamente con danni minimi. Infatti l'ammiraglio inglese Morison affermava che le perdite

nemiche ammontavano a 6 unità tedesche e 1 italiana affondate o danneggiate in modo tale da non poter essere riparate, e altre 7 / 8 solo danneggiate.
Il generale Von Senger, già comandante protempore delle truppe tedesche in Sicilia e ufficiale di collegamento tra la 6ª Armata italiana e l'OKW, parlò di gloriosa ritirata seppur l'ammiraglio Ruge e il comandante Von Liebenstein, furono sopresi dalla disorganizzazione angloamericana nel contrastare le operazioni di traghettamento dell'Asse.

L'arrivo delle forze angloamericane a Messina e la fine della campagna di Sicilia

Il 16 agosto le forze della 7th e 8th Armies erano ormai in procinto di penetrare a Messina. Sul versante orientale le truppe inglesi avevano raggiunto il villaggio di Santa Teresa di Riva e per ordine di Montgomery, il brig. Currie comandante della 4th Tank brigade, nel tentativo di tagliare la via all'avversario diede incarico di organizzare una forza di sbarco[72] composta da truppe corazzate, artiglierie e genieri insieme al No 2 commando del lt. col. «Mad Jack» Churchill. La mattina del 16 I mezzi LSI and LCT partiti da Catania si apprestavano a sbarcare i succitati reparti vicino Capo d'Ali. Era l'operazione *"Blackcock"*.
Tuttavia la strada principale era impraticabile poichè stata fatta saltare dal nemico. Così i Commandos sbarcarono alle 3 in un punto diverso da quello stabilito, ovvero poche miglia a nord presso il villaggio di Scaletta (fig. 61).
Lo sbarco non trovò opposizione, ma successivamente si verificarono vari scontri a fuoco con le retroguardie tedesche. Altri sbarchi furono effettuati la stessa mattina tra le 8 e le 10, questa volta sotto il fuoco degli 88 mm tedeschi proveniente da nord e dalla penisola. Le truppe inglesi furono bersagliate per tutto il giorno, in particolare dalle artiglierie delle retroguardie della panzerdivision *Hermann Göring*.
Un Commando sbarcato a Scaletta riferì:

> [...] We moved on the road with beach on one side and a wall on te other. Suddently there was a lorry, right in the middle of our troops and three Germans in te back firing at everyone. Someone threw a granade into the lorry wich unfortunately was was loaded with ammunition. The granade set the ammunition ablaze and it exploded in all directions [...]

Nell'azione perirono tutti i soldati tedeschi e due Commandos. Dopo la fine degli scontri con feriti da ambo le parti, i reparti inglesi si organizzarono per muovere verso Messina e verso le 5 pomeridiane del giorno 16, fu formata una colonna al comando di Churchill che partì la notte per catturare Messina ed evitare che il nemico continuasse a creare ostacoli lungo la strada. Tuttavia la colonna dovette arrestarsi a causa di una grossa ostruzione della strada e del ponte ferroviario. L'intervento del Genio consentì alla colonna di superare l'ostacolo verso le 2 del mattino del giorno 17, aggirandolo dalla spiaggia mediante appositi lavori, che però si trovò sotto il fuoco nemico incontrando campi minati presso i ponti di S. Paolo, S. Stefano, Galati and Moleti. Lo stesso problema si presentò poi sulla strada e il ponte ferroviario di Mili Marina, il quale fu superato alle 7 grazie all' ennesima deviazione creata dal Genio. Da quel momento si decise di avanzare molto lentamente, con i Commandos a bordo dei carri armati. Ennesimi ritardi furono provocati da altri campi minati presso Tremestieri, Pistunina, Contesse e dalla strada e il ponte ferroviario saltati presso Gazzi. Superato quest'ultimo ostacolo, alle 9.30 la colonna inglese era ormai in procinto di a Messina e 15 minuti dopo incontrò le prime truppe americane, arrivando in centro città verso le 10.00, bersagliata dalle granate nemiche provenienti dalla penisola. Messina fu trovata vuota di truppe tedesche riuscite a ritirarsi attraversando lo Stretto, lasciando però molto equipaggiamento e materiale vario.
La colonna dopo un breve contatto col brig. gen. americano Eagle, aiutante di Truscott, arrivò appena dopo la fine della cerimonia ufficiale che Patton aveva organizzato per accettare

[72] Ovvero «salto di rana», cioè sbarco anfibio eseguito per aggirare il nemico alle spalle.

ufficialmente la resa della città. Il brigadiere Currie andò incontro a Patton dicendo: "It was a jolly good race. I congratulate you."
Conclusa la missione il No2 Commando rimase in città per la notte e ritornò a Scaletta il giorno dopo, mentre le batterie tedesche sulla penisola tiravano su Messina, a loro volta bersagliate dalle artiglierie angloamericane.

Fig. 60 Messina, tratto di costa ionica compreso tra Capo di Alì e Capo Scaletta (sullo sfondo in direzione dello Stretto), in cui la mattina del 16 agosto 1943 sbarcò la task force inglese nel vano tentativo di prendere alle spalle il nemico in ritirata verso lo Stretto (foto Donato)

Sul versante occidentale, invece, i reparti americani dopo duri combattimenti con le truppe tedesche della 29ª Panzergrenadier Div., avevano conquistato Rometta e Spadafora accingendosi a giungere in prossimità dello Stretto. Nel frattempo i residui reparti della 29ª Panzergrenadier Div., in particolare il III Btl. (hauptman Spohr) del 71° Rgt.[73] (oberstlt. Krueger), si erano organizzati dietro l'ultima linea di resistenza, che sul versante tirrenico partiva proprio dalla zona di Divieto- Bauso, tagliando il territorio messinese sino al versante orientale in zona Moleti. Tale posizione chiudeva dunque l'accesso a Messina sia da sud che da nord, sbarrando su quest'ultimo versante, il passo nel tratto di strada che inerpicandosi sulla dorsale dei Peloritani, da ovest collega Divieto col villaggio di Gesso, punto strategico dal quale è possibile valicare la suddetta dorsale e quindi giungere agevolmente e velocemente sulle colline che danno accesso a Messina. Non è un caso che infatti tale settore fu difeso strenuamente dalle retroguardie tedesche. Lo stesso maj. gen. Truscott dichiarava testualmente:

> Each was so strong that frontal attack would have been costly and slowly. On our one road forward, bridges were destroyed, area which could use to bypass, were mined; and demolitions and mine fields, so located that no vehicles could pass without engineer assistance, were invariably cover by fire of artillery, machine guns and small arms. Our rate of advance depended upon the speed with which we could clear hostile fire from the demolition and obstruction and construct by passes over which our artillery and transport could move forward. The slower we advanced, the more time the enemy had to prepare demolitions and defenses in succeeding positions[74].

[73] FRANCAVIGLIA 2005, pp. 165.
[74] TRUSCOTT 1954, p. 231.

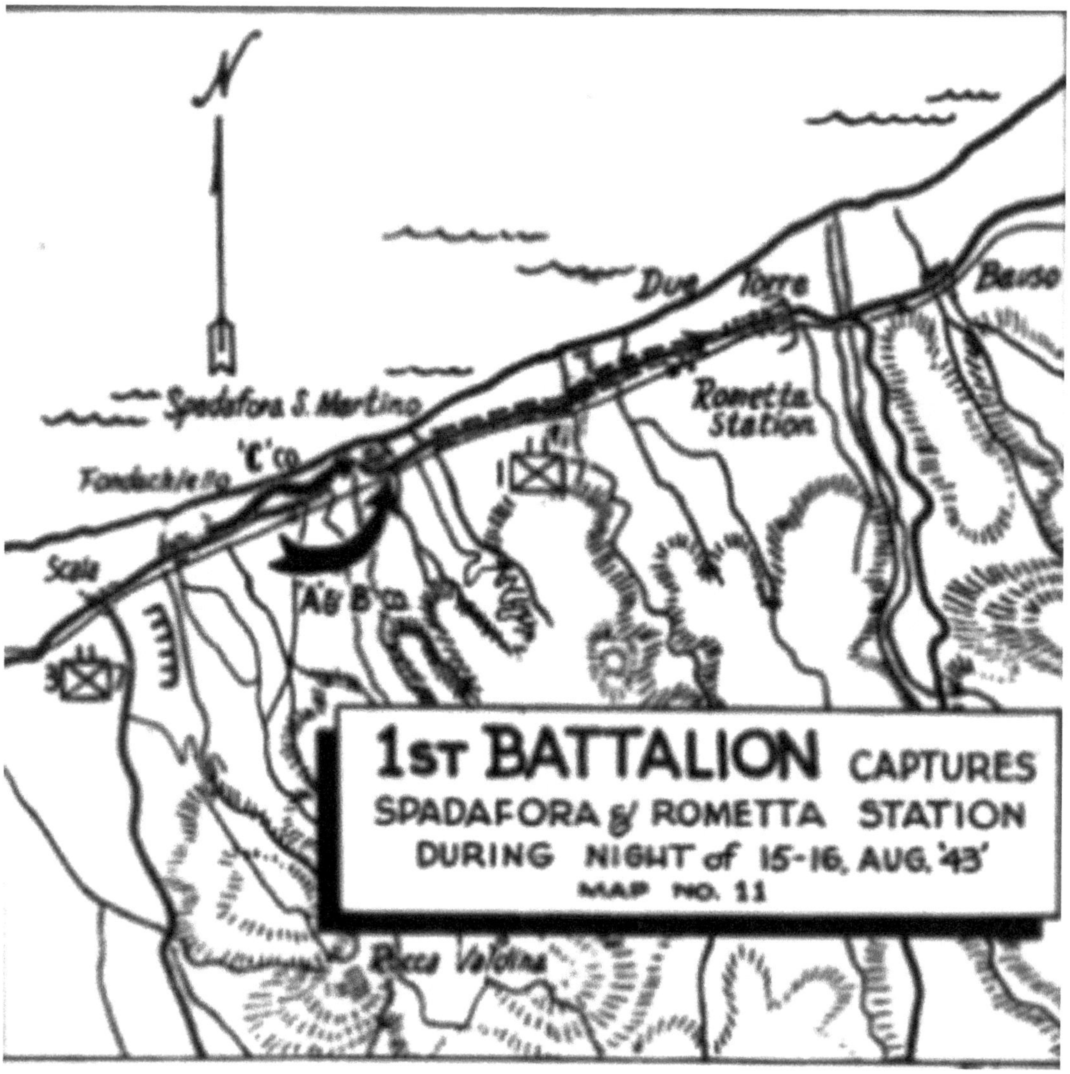

Fig. 61 Mappa raffigurante la presa americana di Spadafora e Rometta il 15-16 agosto 1943 (da WHITE 1947)

Nel pomeriggio, conquistate le posizioni sottostanti Gesso e stabilito il Comando del 3rd Bn. / 7th Regt. / 3rd Inf. Div. presso la contrada Locanda, fu deciso di inviare una pattuglia della Coy. I, composta da 6 uomini e comandata dal 1st lt. Johnson, allo scopo di raggiungere la vetta delle colline soprastanti Messina. Tuttavia l'avversario tedesco che dopo gli ultimi scontri si era precedentemente ritirato nella stessa direzione, respinse la pattuglia a circa 500 metri dalla vetta. Con il comandante ferito, il reparto americano fu costretto a ritirarsi. Il comandante del battaglione lt. col. Heintges, inviò dunque un plotone rinforzato della Coy. L al comando del 2nd lt. Yates, il quale riuscì a raggiungere la vetta e avvicinarsi a Messina già verso le 20 del 16 agosto[75] insieme a una pattuglia dell'HQ del 3rd Bn. Furono dunque questi, insieme a quelli sul versante orientale tra inglesi e tedeschi presso Scaletta, gli ultimi combattimenti della campagna di Sicilia, ormai prossima alla conclusione[76].

[75] TAGGART 1947, p. 74; WHITE 1947, pp. 39, 40.

[76] Resta tuttavia valida anche la rivendicazione del primo ingresso a Messina dalla costa settentrionale, del *3rd Cavalry Reconnaissance troop mechanized,* della 3ª Divisione di fanteria americana

Fig. 62 In alto la strada provinciale che dalla zona costiera tirrenica di Bauso e Divieto, teatro di duri combattimenti, si inerpica verso il villaggio collinare di Gesso alla volta di Messina. In particolare si nota un tratto di strada sottostante Gesso, percorsa dalle fanterie americane il 16 agosto 1943. Sullo sfondo Capo Milazzo. In basso, altro tratto di strada provinciale più a monte, che collega il villaggio di Gesso al colle Sarrizzo, ovvero la sommità delle colline dalle quali è possibile entrare a Messina da ovest. Da questa via, conquistate le posizioni a valle, il 16 agosto transitarono le truppe americane scontrandosi con quelle tedesche, prima di poter raggiungere la vetta la sera dello stesso giorno. In particolare si notano due delle tre postazioni italiane che sorvegliano la strada (foto Donato; foto Annuario)

Nel frattempo un *long tom* da 155 mm servito da 15 uomini della Btty. D del 9th Bn./ 36th Field art. bn., aprì il fuoco contro le posizioni nemiche presso Villa San Giovanni, quindi sul continente europeo per la prima volta dall'inizio della guerra[77]. Intanto il generale Monacci neocomandante della Piazza, aveva dato ordine di demolire le attrezzature portuali rimaste, lasciando la città prima della mezzanotte del 16. Alle ore 8 e 30 del 17 il col. Sherman comandante del 7th Regt. ricevette l'ordine di occupare la città inviando così le compagnie B, F e I del 3rd Bn. più il 1st Bn. /157th RCT/ 45th Inf. Div. attraverso varie direttrici (fig. 66). Il primo posto comando reggimentale americano fu istituito presso il Municipio.

[77] D'ESTE 1988, p. 518.

Fig. 63 I generali americani principali protagonisti dei fatti relativi all'ingresso a Messina. Da destra il lt. gen. Patton, comandante della 7th Army, con l'insegna della 2nd Arm. Div., precedentemente comandata. Accanto il maj. gen. Keyes, vice di Patton e comandante del corpo provvisorio; il maj. gen. Truscott, comandante della 3rd Inf. Div., il maj. gen. Lucas, in Sicilia in qualità di osservatore e il brig, gen. Gay, capo di SM della 7th Army (foto NARA)

Fig. 64 Da sinistra verso destra. Il general der panzertuppen Hans Valentine Hube, comandante del XIV Panzerkorps e successivamente di tutte le forze armate in Sicilia. Decorato con croce di cavaliere della croce di ferro con fronde di quercia e spade; riconferma della croce di ferro di 2ª classe; ordine di Hohenzollern; frederickcross; croce d'onore per veterani con spade; medaglia di lungo servizio sinistra. Fu l'ultimo generale a lasciare la Sicilia la mattina del 17 agosto. A seguire, il generalmajor Walter Fries, comandante della 29ª Panzergrenadier Division, i cui reparti difesero per ultimi Messina e l'oberst Ernst Günther Baade, comandante dello Stretto di Messina, qui ritratto nel grado di generaleutnant (da Schaulen 2002)

Fig. 65 Messina. Le ville che nell'agosto 1943 furono le ultime sedi siciliane dei Comandi italiani del XVI Corpo d'Armata (sinistra) e della 6ª Armata (foto Donato)

L'occupazione avveniva poche ore dopo che le operazioni di evacuazione italo tedesca si erano concluse. Infatti alle 5.30 del 17 il generale Hube e il comandante della 29ª Panzergrenadier Div. generalmajor Fries (fig. 64), avevano lasciato la Sicilia dopo aver evitato il pericolo di accerchiamento nemico presso Divieto. Essi furono seguiti, 45 minuti dopo, da 200 uomini delle retroguardie composte da reparti della 29ª ed Hermann Göring, dislocati a controllo degli accessi alla città dalle colline, in zona Casazza (fig. 67) a sud e Acqualadrone a nord. Sul versante orientale invece i reparti corazzati inglesi della 4th Brigade. insieme al No 2 Commando del lt. col. Churchill si attardavano a sud della città, rallentati da campi minati e ostacoli vari, dopo aver effettuato come detto, un ultimo vano sbarco anfibio tra Alì e Scaletta.

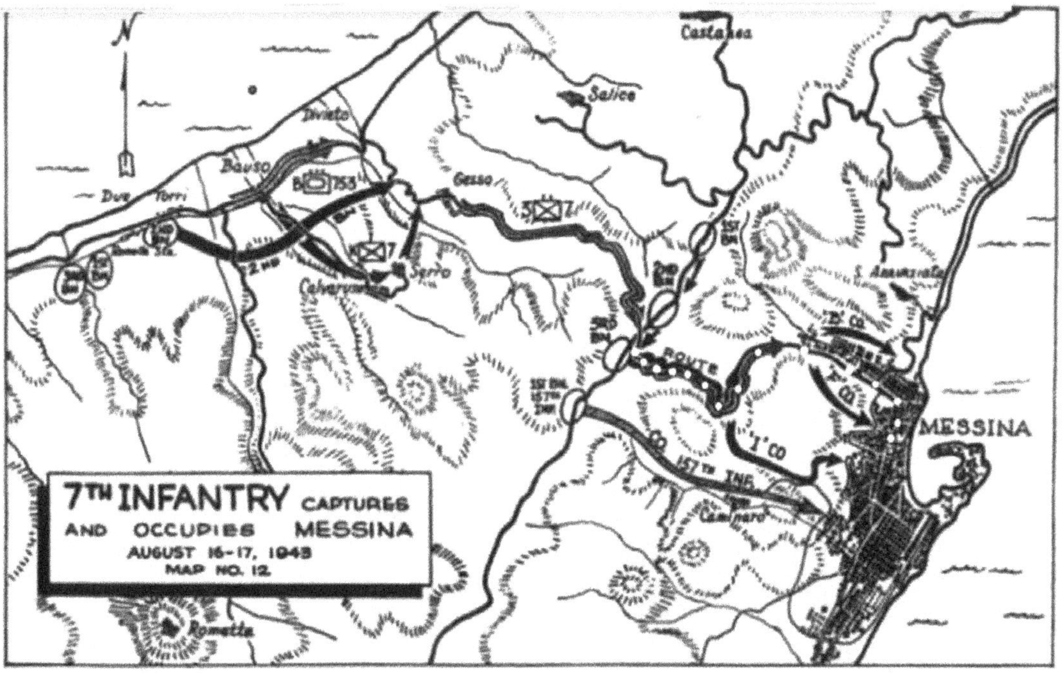

Fig. 66 Mappa che descrive le fasi finali della campagna di Sicilia, sul fronte di operazioni americano; con la conquista di Bauso, Divieto e la conseguente progressione verso Gesso e quindi Messina, dopo gli ultimi aspri combattimenti con le truppe tedesche in ritirata. In evidenza il tracciato seguito dal corteo motorizzato di Patton per giungere in città la mattina del 17 agosto (da WHITE 1947)

Fig. 67 Messina, località Casazza. La tortuosa strada percorsa la mattina del 17 agosto, dai soldati americani della Coy I /3 rd Bn. /7th Regt/ 3rd Inf. Div. per giungere in città. Dallo stesso luogo poche ore prima si erano ritirate le ultime retroguardie tedesche. In fondo al centro il castello Gonzaga con sulla destra la vallata di Camaro, nella quale discese una compagnia del 1st Bn/157th RCT / 45ª Inf. Div. Sullo sfondo la sponda calabra meridionale con relativo ingresso dello Stretto di Messina (foto Donato)

Il 17 agosto dunque, mentre le Naval task forces alleate conquistavano le isole Eolie e battevano gli obiettivi sulle coste siciliane[78] allo scopo di arrestare insieme alle incursioni aeree, le ultime fasi della ritirata nemica, il maj. gen. Truscott giunto sulle colline ad ovest di Messina, ricevette alle ore 7 le autorità cittadine civili e un'ora dopo il console Tomasello per la resa formale. Tuttavia Truscott avendo ricevuto dal vice comandante della 7th Army, maj. gen. Keyes, l'ordine di attendere l'arrivo dell'lt. gen. Patton (fig. 63), rimandò in città accompagnato dal suo aiutante brig. gen. Eagles, il console Tomasello per preparare la resa.[79] Interessante quanto riportato dallo stesso Truscott circa quei fatti: «Alle 8 una pattuglia portò la più alta autorità militare per la resa della città. Il console Tomasello mi consegnò la sua pistola Beretta. Io lo rimandai in città, per formalizzare la resa». Il maj. gen. Lucas, giunto in Sicilia in qualità di osservatore affermava:

> 8/17/43: Gay woke me at 2,40 to say that Messina had fallen to 3rd Division at 8. p.m. last night. Patton, Keyes and I joined on the top of the mountain this side of Messina. I didn't like the place, as it was an important cross-roads and I hate crossroads that are within range of enemy guns. Our artillery in the valley was firing in the Italy. The Italian commanders, left behind the Germans to be the goats, were there and were very military, polite and seemed relieved[80][fig.68]

Patton[81], giunto sul posto e preoccupato che arrivassero le truppe inglesi, accompagnato da Truscott scese dalle colline alla volta di Messina col suo corteo motorizzato, sotto il fuoco nemico che dalla sponda calabra dello Stretto creò qualche problema, colpendo di striscio il terzo veicolo e ferendo leggermente un colonnello[82]. Il generale fece il suo ingresso in città (fig. 70) verso le 10 raggiunto poi dalle prime pattuglie inglesi dei succitati lt. col. Churchill e brig. Currie, da poco giunti da sud. Nel frattempo si contavano circa 200 prigionieri catturati in città e sulle colline a ovest di essa. Formalizzata la resa col console Tomasello, Patton con i generali Gay, Bedell Smith[83], Keyes, Eagles, Lucas e Truscott ritornarono al quartier generale della 3rd Div. Presso

Fig. 68 Messina, quota 460 m. L'incrocio del colle Sarrizzo dal quale la sera del 16 agosto 1943, provenendo da Gesso in direzione di Messina (da sinistra verso destra) dopo gli ultimi scontri con le retroguardie tedesche, transitarono le prime pattuglie americane per giungere in città. In questo stesso luogo si ritrovarono i generali Patton, Keyes e Gay la mattina del 17, per poi discendere in città insieme a Truscott e gli altri ufficiali (foto Donato)

---

[78] BULKLEY 1962, p. 291.
[79] GARLAND-MCGRAW 1965 p. 416.
[80] LANDE 2002, p. 86.
[81] All'incontro con gli altri generali non prese parte il lt. gen. Bradley.
[82] BLUMENSON 1996, p. 223.
[83] Il brig. gen. Gay era il capo di SM della 7th Army, il brig. gen. Eagles aiutante del comandante della 3rd inf. div., il maj. gen. Smith capo di SM delle Allied Forces.

Rometta. Al contrario di quanto previsto dal piano Husky, le truppe americane giunsero a Messina prima di quelle inglesi.

La campagna di Sicilia poteva così ritenersi conclusa con un parziale successo. Si dovevano infatti attuare le varie operazioni di sbarco sulla penisola italiana, partendo da *Baytown* (sbarco inglese in Calabria) il 3 settembre allo scopo di arrestare il disimpegno delle forze tedesche ancora molto forti e organizzate. Infatti le forze tedesche in collaborazione con quelle italiane, erano riuscito per mezzo di una manovra in ritirata, a contenere l'avanzata nemica sino allo Stretto, sbarcando in continente e procedendo sulla penisola italiana verso nord. In seguito a tali fatti il controllo della città passò agli alleati, i quali da parte inglese nominarono capo della polizia il maj. Rye e dell'esercito il col. Calwell, mentre a capo degli affari civili della provincia si insediò il lt. col. americano Story[84] poi sostituito dal lt. col. Ramsey (AMGOT). Inoltre fu installata in città una principale «cable censorship», gestita da un ufficiale[85].

Considerazioni conclusive

Conquistata Messina, il residuo materiale bellico comprese le batterie di artiglieria, risultava ancora in buone condizioni. Infatti a ottobre era stata raccomandata la formazione delle guardie batteria per evitare i continui danni e l'asportazione di pezzi e materiale; nonché il riuso delle stesse con personale della R. Marina e della ipotizzata Artiglieria Marina. Il 1° Gruppo Legioni Milmart fu definitivamente sciolto nel dicembre del 1943.

Tra i vari ufficiali italiani del Regio Esercito con incarichi particolari o di comando, catturati o sbandati a Messina durante e successivamente alle ultime fasi della campagna di Sicilia, risultano[86]:

Ufficiali R.E.

Colonnelli

- Marzà Carmelo (f. ris.), C.te del 119° rgt. costiero, catturato il 20.08.1943

Tenenti Colonnello

- Di Natale Santo (amm. s.p.e.), Capo Uff. Amministrazione presso l'Ospedale Militare di Messina, catturato il 17.08.1943
- Farris Giovanni (f. ris.), Consegnatario del Magazzino Casermaggio Principale del Presidio Militare di Messina, catturato il 17.08.1943
- Furnari Bartolo (art. s.p.e.), Vice Direttore della Direzione art. territoriale di Messina, catturato il 17.08.1943
- Perricone Giuseppe (med. s.p.e.), Direttore dell'O. M. di Messina, catturato il 17.08.1943
- Ragonesi Giuseppe (f. cpl.), C.do truppe e servizi R. E. per la Piazza militare marittima di Messina, catturato il 17.08.1943

Maggiori

- Baratta Sebastiano (g. cpl.), Direzione d'Art. di Messina, catturato il 17.08.1943
- Di Cesare Filippo (f. Rich. f. o.), Consegnatario magazzino foraggio della Sez. Comm.to militare di Messina, catturato il 18.08.1943
- Donato Matteo (f. cpl.), C.te 370° btg. costiero del 119° rgt. cost., catturato il 16.08.1943

---

84 AUSMM, Archivio XIII MILMART II Serie, b. 000, f. 0073.

85 U. S. Army Civil Censorship Operations 1948, pp. 5,10,15,29,30,31,32,33.

86 USSME, Fondo M-9 SERIE SICILIA. Buste 145, 146, 148, 149, 150, 152, 153, 154, 155, 156, 157, 159, 161, 162, 164, 165, 169, 170, 171, 174, 178, 179,180, 185.

Capitani

- Andò Oscar (art. cpl.), Uff. Add. all'Uff. Giustizia e Disciplina del Dep. Marina in Messina, catturato il 19.08.1943
- Campanella Giovanni (primo cappellano capo), Cappellano presso l'O. M. di Messina, non catturato
- Coglitore Angelo (art. cpl.), Aiut. Magg. in I della 6ª Leg. Milmart, catturato il 17.08.1943
- Cutrona Savino (f. cpl.), Uff. Add. all'Uff. Storico del C.do Piazzaforte Messina Reggio, sbandato
- D'Angelo Angelo (f. b. cpl.), Direz. Lavori FF. AA. Sicilia Nucleo Messina, catturato il 17.08.1943
- Di Stefano Luigi (g. cpl.), Lavori di fortificazioni presso Messina, catturato il 18.08.1943
- Fiore Giuseppe (aut. cpl.), Autodrappello Piazza Militare Marittima in Messina, catturato 17.08.1943
- Manganaro Gaetano (art. cpl.), C.te della 550ª btr. in allestimento in Messina, catturato il 16.08.1943
- Midulla Antonino (suss. cpl.), Consegn. Magazz. Divis. Foraggi della Sez. di Comm.to Milit. di Messina, consegnatosi il 18.08.1943
- Mistretta Giorgio (f. cpl.), C.do Truppe e Servizi R. E. per la Piazza Milit. Maritt. di Messina, catturato agosto 1943
- Morgana Giovanni (art. cpl.), Direz. Art. della Sicilia in Messina, catturato il 17.08.1943
- Re Giuseppe (f. cpl.), C.te 2ª cp. del 371° btg. cost. del 119° rgt. cost., catturato il 17.08.1943
- Rizzotti Antonino (f. cpl.), Capo uff. operazioni del C.do truppe e servizi R. E. per la Piazza Marittima di Messina – Reggio Calabria, catturato il 19.08.1943
- Scarcella Luigi (comm. cpl.), Capo sez. comm.to milit. in Messina, costituitosi il 18.08.1943
- Traselli Francesco (f. cpl.), C.te distacc. della 12ª cp. sussistenza del Sez. comm.to Milit. di Messina, catturato il 17.08.1943
- Turco Giuseppe (f. cpl.), Uff. add. al C.do della Piazza M. M. Messina – Reggio Calabria, catturato il 17.08.1943
- Ardizzone Sebastiano (f. cpl.), reparto nebbiogeni della R. Marina in Messina, catturato il 17.08.1943
- Auria Walter (f. cpl.), 201ª cp. spec. autonom. c/a da 20 mm. quadrinate in Messina, catturato il 17.08.1943
- Chiarenza Michele (f. cpl.), C.te 344° nucleo A. P. in Giampilieri Marina (ME), catturato il 16.07.1943
- Giardina Vincenzo (f. cpl.), 1ª cp. del 370° btg. cost., catturato il 19.08.1943
- Macrì Pellizzeri Placido (suss. cpl.), Magazz. Viveri Milit. di Messina in Camaro Superiore, catturato il 23.08.1943
- Martone Mario (f. cpl.), C.te 2° pl. 2ª cp. 371° btg. cost. 119° rgt. cost., catturato il 17.08.1943
- Savina Calogero (f. cpl.), C.te pl. C.do 378° btg. cost. in S. Margherita Marina, costituitosi il 20.08.1943
- Turturici Leonardo (art. cpl.), Dep. 24° rgt. art. di Messina assegnato al 370° btg. cost. in Tremestieri, catturato il 18.08.1943, evaso, ricatturato il 20.08.1943
- Vitello Arturo (med. cpl.), Uff.le med. presso il 442° btg. cost. 119° rgt. cost. Piazza milit. marittim. di Messina, catturato il 17.08.1943

Sottotenenti

- Baratta Antonio (f. cpl.), 4ª cp. 371° btg. cost., catturato il 17.08.1943
- Bruno Giuseppe (art. cpl.), btr. costiera da 152/45, 10° rep. art. cost., catturato il 18.08.1943, 22 Km. nord di Messina

- Cefali Pietro (f. cpl.), C.te pl. C.do del 442° btg. cost., non catturato (sbandato) il 16.08.1943
- Fenga Daniele (med. cpl.), O. M. da campo n° 316 in Curcuraci, non catturato (sbandato) il 17.08.1943
- Fiore Simone (med. cpl.), 370° btg. cost. 119° rgt. cost., costituitosi il 19.08.1943
- Giannici Armando (f. b. cpl.), distaccato presso il 5° Uff. staccato del C.do Genio FF. AA. della Sicilia in Messina, catturato il 17.08.1943
- Giglio Alberto (art. cpl.), gruppo mitr. DICAT da 20 mm. c/a, a difesa del porto di Messina, catturato il 18.08.1943
- La Torre Stefano (f. cpl.), 201ª cp. speciale c/a in Camaro Superiore, catturato il 17.08.1943
- Lo Valvo Ugo (art. cpl.), uff.le add. al M .M. V. dell'80° gruppo art. c/a in Castanea delle Furie, ricov. per ferite Ospedaletto da campo "Campo Italia" in Messina, catturato il 17.08.1943
- Mattoni Emilio (aut. cpl.), 291° autoreparto misto in Giampilieri (ME), catturato il 18.08.1943
- Mercurio Letterio (c. cpl.), C.do autonomo milit. marittimo di Messina, (sbandato) il 17.08.1943
- Montinieri Gaetano (g. ferrovieri cpl.), 15ª cp. ferrovieri in Gesso, non catturato (sbandato) il 17.08.1943
- Morrone Giuseppe (f. cpl.), cp. auton. mitr. Breda 37 in servizio linea ferrov. Messina – Palermo e Messina –Siracusa, catturato il 17.08.1943
- Motta Antonino (art. cpl.), C.te 2 pezzi isolati da 76/40 dip. dal 370° btg. cost., catturato il 23.08.1943
- Motta Giuseppe (f. cpl.), C.te 4° pl. 2ª cp. 442° btg. cost. 119° rgt. cost., catturato il 17.08.1943
- Mastrogiovanni Mario (f. cpl.), C.te 3° pl. 4ª cp. 371° btg. cost. 119° rgt. cost., catturato il 17.08.1943
- Nicosia Nicola (f. cpl.), 291ª btr. c/a in Messina, non catturato (sbandato) il 20.08.1943
- Palumbo Giuseppe (f. cpl.), 6ª leg. Milmat in sottordine al rgpt. mitr. in Montalto, catturato il 17.08.1943
- Perillo Antonino (f. cpl.), C.te pl. 1ª cp. 371° btg. cost. presso Torre Faro, catturato il 17.08.1943
- Reale Giovanni (art. cpl.), Uff.le di colleg. Dicat - 24° rgt. art. Div. f., catturato il 17.08.1943
- Samperi Gaetano (f. cpl.), C.te 477° nucleo A. P. in Spartà 503° btg. cost., catturato il 17.08.1943
- Velardita Vincenzo (art. cpl.), 544ª btr. autonom. da p. c. in Villaggio Santo, (sbandato) il 17.08.1943
- Versace Francesco (f. cpl.), U.M.I.S. 8 41 servizio trasporto con motozattere truppe e materiali attraverso lo Stretto, catturato il 17.08.1943

Ufficiali M. V. S. N.

Consoli

- Svampa Domenico (Milmart s.p.e.), C.te 14ª leg. Milmart Reggio Calabria, catturato il 03.09.1943, Reggio Calabria

Seniori

- Alonci Arturo (Milmart cpl.), C.te gruppo sud c/a 6ª leg. Milmart, catturato il 17.08.1943
- Salvadore Antonino (Milmart cpl.), capo uff. personale uff.li del c.do 1° gruppo leg. Milmart, catturato il 17.08.1943

Centurioni

- Palermo Filadelfio (Milmart cpl.), C.te btr. 280 in Casa Macchia, catturato il 17.08.1943

- Pala Lorenzo (Dicat cpl.), C.do Dicat Messina, catturato il 17.08.1943
- Papadia Gregorio (Mil. postelegrafonica cpl.), 27° Rep. M. P.T. di Messina, catturato il 17.08.1943
- Parasiliti Rosario (M.V.S.N. cpl.), 23° rgpt. art. c/a dif. porto di Messina, (sbandato) il 17.08.1943

Capi Manipolo

- Ammatuna Ruggero (M.A.C.A. cpl.), C.te postaz. aerofonisti forte Schiaffino, C.do gruppo sud c/a, C.do DICAT Messina, catturato il 17.08.1943
- Busacca Antonino (Milmart. cpl.), Uff.le add. uff. lavori C.do fronte a mare in Messina, catturato il 22.08.1943
- Capodici Mario (Milmart cpl.), C.do Milmart zona di Messina, catturato il 21.08.1943;
- Leonardi Lorenzo (Milizia forest. Cpl.), Uff. legnami Intendenza VI Armata in Gesso, catturato il 17.08.1943
- Nicosia Antonino (Milmart cpl.), Uff.le add. al C.do Dicat di Messina, catturato il 17.08.1943

Sottocapimanipolo

- Tondato Luigi (MACA f. q.), btr. gruppo sud di Messina, catturato il 16.08.1943

È scontato che a pagare il prezzo più alto delle operazioni militari sia stata la città, duramente colpita in 4 anni di bombardamenti e poi decorata con Medaglia d'Oro al Valor Civile e Militare. Si è calcolato infatti che fu distrutto o danneggiato il 92% degli edifici, con danni pari ad un totale di 26 miliardi e 500 milioni di lire. Il porto risultò distrutto, pieno di relitti affondati e con soli 500 metri di banchina utilizzabili[87]. Il totale complessivo delle vittime dal 1940 al 1943 è approssimativamente stimabile in circa un migliaio. Dato tragico ma non elevato se paragonato a quello di altre città italiane ed estere. Encomiabile infine l'opera del personale addetto alla protezione e soccorso tra Forze Armate, Croce Rossa, UNPA e i Vigili del Fuoco del 51° Corpo con varie decorazioni al VM ricevute (figg. 75-77).

Le batterie di artiglieria e tutte le altre opere permanenti impiegate attivamente in quattro anni di guerra, oggi sono ancora in massima parte esistenti e tutto sommato ben conservate. Tuttavia non godono di alcuna attenzione e tutela, ma restano in totale stato di abbandono e degrado, pur essendo non solo beni e testimonianze dal significativo contenuto storico e didattico risalenti a quasi 80 anni or sono, ma di fatto anche importanti esempi di archeologia militare contemporanea, nonché componenti dell'ultimo sistema difensivo permanente eretto a difesa dello Stretto di Messina e attivamente utilizzato in guerra.

[87] Dini 1946.

Fig. 69 Ritagli dei quotidiani Aberdeen del 15 e 17 agosto 1943 e The Courier mail del 18 agosto 1943 (da *British newspapers*, parts III- IV 1780-1950, State Library of Queensland, Brisbane; Macarthur Museum, Brisbane foto Donato)

Fig. 70 Mattina del 17 agosto 1943. Il corteo americano scende dalle colline a ovest di Messina per l'ingresso ufficiale in città. In primo piano la Dodge Command di Patton contraddistinta dalle bandierine riportanti il numero dell'armata al suo comando e le insegne del grado; che dalla via *Palermo* passando sul torrente Trapani, si immette sulla via *Garibaldi*, seguita dall'altra Dodge con a bordo Keyes e altri ufficiali. Accanto a Patton siede Truscott comandante della 3rd Inf. Div., le cui avanguardie entrarono per prime a Messina la sera del 16 (foto NARA)

Fig. 71 Agosto 1943. Truppe corazzate inglesi entrano nel centro città da sud, transitando dalla via Garibaldi. Evidenti i danni arrecati dai bombardamenti alla linea tramviaria e alla limitrofa area portuale (foto NARA)

Fig. 72 Messina 17 agosto 1943. Soldati americani esplorano la via Solferino nel centro città. In basso i fanti americani del 1st Bn/157° RCT / 45th Inf. Div. transitano da piazza Cairoli, davanti alla stele littoria poi demolita. (foto NARA; foto NARA)

Fig. 73 Messina 17 agosto 1943. Commandos posano davanti al palazzetto *Coppedè* in via *Garibaldi*, danneggiato dai bombardamenti (foto NARA, collezione Donato)

Fig. 74 Messina 30 agosto 1943, foce del torrente Boccetta. A destra il gen. Eisenhower, comandante in capo delle Mediterranean Allied Forces per l'operazione Husky, con accanto il parigrado Montgomery, comandante dell'8th Army e il capitain Butcher, aiutante navale di Eisenhower. Gli ufficiali osservano gli effetti dei tiri delle artiglierie sulla costa calabra (foto NARA)

Fig. 75 Alcuni esempi dei danni provocati in città dai bombardamenti angloamericani. 1 l'ospedale Piemonte colpito nell'attacco notturno del 31 maggio-1 giugno 1942; 2. la stazione ferroviaria dopo l'incursione notturna del 29 gennaio 1943; 3 il collegio dei gesuiti colpito il pomeriggio del 6 aprile 1943; 4 l'istituto Verona-Trento colpito la mattina del 28 aprile 1943; 5 l'edificio della Cassa di Risparmio dopo l'attacco della mattina del 22 maggio 1943; 6 l'abside del duomo distrutta e calcinata (da DONATO 2009)

Fig. 76 I segni lasciati dai bombardamenti angloamericani sono ancora oggi visibili. Alcuni esempi nel centro città e presso il cimitero monumentale. In basso da sinistra: medaglia del 51° Corpo dei Vigili del Fuoco di Messina; certificato di morte di un civile ricoverato presso l'ospedale della CRI di Messina, a seguito delle ferite riportate durante una incursione aerea nemica nell'agosto 1943; medaglie dell'Unione Nazionale Protezione Antiaerea (foto Donato; foto collezione Grasso)

Fig. 77 Iscrizioni angloamericane ancora oggi visibili. A sinistra, incisione datata 1943 del 275th Btl. del Royal Engineer appartenente alla 51st Higland Inf. Div. A destra in alto, posto comando di un'unità americana. In basso scritta «Out of bound», indicante un'area proibita (foto Teramo; foto Donato; foto Annuario)

Documentazione e Bibliografia

Enti di conservazione

§ *Archivi*

Roma, Archivio Ufficio Storico Esercito
Roma, Archivio Ufficio Storico Marina Militare
Washington, National Archives and Records Administration

§ *Biblioteche*

Brisbane, SLQ State Library of Queensland
Paris, American Library in Paris
Roma, Biblioteca Militare Centrale Stato Maggiore Esercito

§ *Musei*

Brisbane, Macarthur Museum
Brisbane, Victoria Barracks, Historical Society
Catania, Museo dello sbarco in Sicilia 1943
London, Imperial War Museums
London, Royal Air Force Museum
Milano, Museo del Risorgimento
Paris, Musée de l'Armée
Paris Le Bourget, Musée de l'Air et de l'Espace
Brisbane, Fort Lytton National Park
Venezia, Museo Storico Navale

Bibliografia

***Esercito italiano* 1988**
L'Esercito Italiano, storia di uomini e armi, Roma 1988

AAF 1945
AAF Historical Office Headquarters, Army Air Force, London 1945

ABBA 1940
G. C. ABBA, *Da Quarto al Volturno, noterelle di uno dei mille*, Bologna 1940

***Air Staff* s.d.**
Air Staff Operations Records, III HQ, Royal Air Force Middle East

ALES 1975
S. ALES, *L'Esercito delle Due Sicilie. Uniformi equipaggiamento armamento, 1850-1860,* Milano 1975

***Ansaldo* 1941**
Ansaldo S.A. Genova, *Monografia di Istruzione del cannone da 90/53 contraereo mod. 39 su affusto a perno fisso,* Volume secondo: Tavole, Ansaldo S.A., stabilimento di Genova- Fegino, 9 febbraio 1941

Aricò 2005
N. Aricò, *La torre della lanterna di Giovannangelo Montorsoli*, GMB, Messina 2005

***Atti-Parlamento* 1862**
Atti del Parlamento Italiano, sessione del 1861, secondo periodo dal 20 novembre 1861 al 12 febbraio1862, seconda edizione riveduta da G. Galletti e P. Trompeo, Torino 1862

Bearne 1907
C. M. Bearne, *A sister of Marie Antoniette. The life-story of Maria Carolina, queen of Naples*, London 1907

Bersezio 1861
V. Beserzio, *I contemporanei italiani, galleria nazionale del secolo XIX*, seconda edizione, Torino 1861

Besso 1875
B. Besso, *Le grandi invenzioni antiche e moderne, sesta edizione*, Milano 1875

Bishop-Warner 2002
C. Bishop, A. Warner, *German Insignia of World War II,* New York 2002

***Bomber Command's* 2013**
A tribute to Bomber Command's Unsung Warrior, WELLINGTON, units, variants, survivors, oddities, weapons, colours, codes, FlyPast special, Key publishing, Stamford 2013

Bonacina 2006
G. Bonacina, *Obiettivo Italia. Bombardamenti aerei delle città italiane*, Milano 2006

Blumenson 1996
M. Blumenson, *The Patton Papers: 1940-1945*, Boston 1996

Bulkley 1962
R. J. Bulkley, *At close quarters; PT boats in the United States Navy*, Washington 1962

Buttà 2009
G. Buttà, *Un viaggio da Boccadifalco a Gaeta,* edizioni Trabant, Brindisi 2009

Cantelli 1979
G. Cantelli, *Le prime uniformi dell'Esercito Italiano*, USSME, Roma 1979

Carandini 1872
F. Carandini, *Manfredo Fanti, tenente generale. Sua vita*, Verona 1872

Carter-Mueller 1973
K. C. Carter, R. Mueller, *The Army Air Forces in World War Two. Combat Chronology 1941-1945,* Office of Air History, HQ USAF 1973

Catalioto 1991
S. A. P. Catalioto, *Messina com'era oggi*, Messina 1991

Catenacci-Di Giovine 2012
G. Catenacci, F. M. Di Giovine, *Nomi e volti dei protagonisti dell'assedio di Messina del 1860-61,* Associazione Nazionale ex allievi Nunziatella, Sezione Sicilia, Messina 2012

***Cavalry Reconnaissance* 1951**
Cavalry Reconnaissance, number five, *Operation of 3d Cavalry Reconnaissance troop mechanized*, part 1 Sicily, Cavalry School 1951

Cellai 1863-1868
M. Cellai, *Fasti militari della guerra dell'indipendenza d'Italia dal 1848 al 1862,* voll. 1-4, Milano 1863-1868 (vol. 4 per l'assedio di Messina)

Cenni 2009
Q. Cenni, *Il soldato italiano dell'Ottocento nell'opera di Quinto Cenni*, Quaderno di « Rivista Militare», Voll. 1, 3, 5, Milano 2009

***Cialdini* 1861**
Enrico Cialdini generale d'armata, in *I contemporanei Italiani, galleria nazionale del secolo XIX*, n. 25, Torino 1861

Conferenza-Milizia 1935
Comando Generale MVSN, Ispettorato Generale Milizia DICAT e DA COS, *Conferenza tenuta dagli ufficiali della Milizia da Cos delle Piazze Marittime di Venezia- Messina- La Spezia- La Maddalena*, Venezia 1935

***Combat Chronology* 1943**
Combat Chronology, US Army Air Force - 1943 part 1

Coppi 1862
A. Coppi, *Annali d'Italia dal 1750 al 1861*, Volume 6, Napoli 1862

Coronelli 1697
V. M. Coronelli, *Teatro delle città e porti principali dell'Europa, in pianta, in profilo ed in elevatione, descritte e publicate ad uso dell'Accademia Cosmografica degli Argonauti*, Venezia 1697

Corsi 2011
C. Corsi, *Difesa dei Soldati Napoletani*, Salerno 2011

***Cronaca-Sicilia* 1863**
Cronaca degli avvenimenti di Sicilia dal 4 aprile ai principi d'agosto 1860 con l'aggiunta de' fatti posteriori fino a marzo 1861, estratta da documenti, Italia 1863; pubblicazione su pagina web: http://www.eleaml.org/sud/stampa2s/01_cronaca_degli_avvenimenti_di_sicilia.html

***Cronaca-guerra* 1862**
Cronaca della guerra d'Italia 1861- 1862, Parte Quarta, Rieti 1862

Custodero-Pedone 2009
G. Custodero, A. Pedone, *L'armata del sud*, Taranto 2009

Davis 1979
B. L. Davis, *Uniformi e distintivi dell'esercito Tedesco, 1939-1945*, Parma 1979

Davis 2006
R. G. Davis, *Bombing the European Axis Powers. A Historical Digest of the Combined Bomber Offensive, 1939–1945*, Maxwell-Alabama 2006

Davis-McGregor 1994
B. L. Davis, M. McGregor, *Flags of the Third Reich, 1: Werhmacht,* Oxford 1994

De Castro 1866
G. De Castro, *Storia di un cannone*, Milano 1866

***Decorati-Messina* 1983**
Istituto del Nastro Azzurro, *Albo dei decorati al Valor Militare della provincia di Messina,* a cura della Federazione Provinciale di Messina, Messina 1983

de Lannoy-Charita 2001
F. de Lannoy, J. Charita, *Panzetruppen. Les troupes blindèes allemandes, 1935-1945,* Heimdal 2001

Del Giudice 1984
E. Del Giudice, V. Del Giudice, *Atlante delle uniformi militare italiane dal 1934 ad oggi*, Parma 1984

Della Volpe 1986
N. Della Volpe, *Difesa del territorio e protezione antiaerea (1915-1943*), Stato Maggiore dell'Esercito, Ufficio Storico, Roma 1986

D'Este 1988
C. D'Este, *Bitter Victory: The Battle for Sicily 1943*, New York 1988

D'Este 1996
C. D'Este, *Patton. A genius for war,* Harper Collins Publisher, New York 1996

De Sivo 2009
G. De Sivo, *Storia delle Due Sicilie*, Vol. II, Brindisi 2009

de Torrenteros 1861
G. de Torrenteros, *Al signor Visconte de Noè per il suo opuscolo Trenta giorni in Messina*, Firenze 1861

***Diario-Comando* 2002**
Diario Storico del Comando Supremo, Vol. IX, Tomi I e II, USSME Roma 2002

Dini 1946
S. Dini, *Una città martire, Messina ed il suo porto dopo la guerra*, Messina 1946

Donato 2009
A. Donato, *Messina Obiettivo Strategico*, EDAS, Messina 2009

Drain 1998
R. E. Drain, *The diamond black. The history of the 99th Bomb Group (H)*, Nashville - New York 1998

Fave 1871
I. Fave, *Études sur le passé et l'avenir de l'artillerie. Historie de le progrès de l'artillerie*, Tome Sixième, Paris 1871

Ferrante 1843
N. Ferrante, *Cenno di alcune teoriche di artiglieria*, Napoli 1843

Ferrari 1999
P. Ferrari, *La produzione bellica*, in G. De Rosa (a cura di), Storia dell'Ansaldo, Vol. 6, *Dall'IRI alla guerra, 1930-1945*, Roma-Bari 1999

Forbes 1861
C. S. Forbes, *The campaign of Garibaldi in the Two Sicilies* ,Edinburg-London 1861

Francaviglia 2005
F. Francaviglia, *La breccia nella Festung Europa, Sicilia 1943*, Military Historical Center, ATG Publ. 2005

Frank 2007
H. Frank, *German S-Boats in action during the Second World War*, translated by Geogrey Brooks, Annapolis 2007

Frankland 1971
N. Frankland, *I bombardamenti sull'Europa*, Parma 1971

Freri-Bessone 1914
O. Freri, E. Bessone, *Arte militare. Trattato di organica*, Torino 1914

Gaeta 1862
L. Gaeta, *Nove mesi in Messina e la sua cittadella*, Napoli 1862

Galuppini 1997
G. Galuppini, Le uniformi della Marina Militare, Volume 1 (1861-1918), Ufficio Storico della Marina Militare, Roma 1997

Garland-McGraw 1965
A. N. Garland, S. H. Mc Graw, *Sicily and the surrender of Italy*, Washington 1965

Garland-McGraw 1993
A. N. Garland, H. Mc Graw, *The Mediterranean theater of operation Sicily and the surrender of the Italy*, Washington 1993

***General Information* 1943**
Headquarters Force 343, *G-2- General Information Bullettin no 17*, June 1943

***Genio* 1864**
MINISTERO DELLA GUERRA, *Il Genio nella campagna d'Ancona e della bassa Italia negli anni 1860-1861*, Torino 1864

***German antiaircraft* 1943**
German antiaircraft artillery, US Army Military History Institute, Military Intelligence Service - War Department, series no. 10, February 1943

***German 88* 1943**
German 88 antiaircraft gun materiel, Prepared under the direction of the Chief of Ordnance, War Department, Washington 1943

GIAMPIETRO 2016
L. GIAMPIETRO, *Il centenario della nascita dell'artiglieria contraerei 1915-2015,* in «Rassegna online dell'Esercito di Rivista Militare», n. 2, marzo-aprile 2016, pp. 48-63; pubblicazione su pagina web: http://www.esercito.difesa.it/comunicazione/editoria/Rassegna-Esercito/Documents/2016/2/2RA-2016-on-line.pdf

GIANNATTASIO 1971
P. GIANNATTASIO, *Vecchie uniformi dello Stato Maggiore, dell'Artiglieria e del Genio*, Roma 1971

***Giornali* 1993**
Giornali di guerra 1939-1949, G. Bernardini Editore, Milano1993

GRANDI 1934
F. GRANDI, *Dati sommari sulle artiglierie in servizio e sul tiro*, 3ª Edizione, Torino 1934

GREENER 1858
W. GREENER, *Gunnery in 1858*, London 1858

GUERZONI 1882
G. GUERZONI, *Garibaldi*, Firenze 1882

HATLEM-HUNTER 1998
J. C. HATLEM, K. E. HUNTER, *The War in the Mediterranean: a WWII Pictorial History*, in *United States Army in World War II*, Brassey's, Inc., Washington 1998

HEEFNER 2010
W. A. HEEFNER, *Dogface Soldier: The Life of General Lucian K. Truscott, Jr*, Columbia-London 2010

HIRSH 1965
P. HIRSH, *Fighting aces*, Pyramid Books, Boynton Beach 1965

HOGG 1982
I. V. HOGG, *Storia delle fortificazioni*, tr. it., Ist. Geografico de Agostini, Novara 1982

HOGG 1996
I. V. HOGG, *The American Arsenal,* London 1996

Hogg 2002
I. V. Hogg, *German artillery of World War Two,* London 2002

Holley 1864
A. L. Holley, *A treatise of ordnance and armor*, New York-London 1864

Hooton 1997
E. R. Hooton, *Eagle in Flames. The Fall of the Luftwaffe*, London 1997

***Joss Husky* 1943**
Hq. Task Force 343, *Joss Husky operation plans Sicily Italy Part 1-2*, May-June 1943

Krawczyk 1996
W. Krawczyk, *German Army uniforms of World War II in color photographs*, in «Motorbooks International Publishers & Wholesalers» 1996

Lande 2002
D. A. Lande, *I was with Patton: first-person accounts of WWII in George S. Patton's Command*, MBI Publishing Company, Minneapolis 2002

Ludeke 2013
A. Ludeke, *Weapons of World war II*, Bath 2013

Marcon 2005
T. Marcon, *Il Group 205 della RAF dal Nilo al Tavoliere*, in «Storia Militare», 143, anno XIII, agosto 2005

Mark 1994
E. Mark, *Aerial Interdiction: Air power and the land battle in three American wars*, Washington 1994

Matricardi 2002
P. Matricardi, *I bombardieri della Seconda Guerra Mondiale*, Milano 2002

***Memorie* AccScTo 1858**
Memoria della Reale Accademia delle Scienze di Torino, serie seconda tavola XVII, Torino 1858

***Memorie* AccScTo 1863**
Memorie della Reale Accademia delle Scienze di Torino, serie seconda tomo XX, Torino 1863

***Memorie-Pistoia* 1909**
Memorie storiche del 36° Reggimento di fanteria, brigata Pistoia, terza edizione, Modena 1909

***Middle East RAF* 1942-1943**
Headquarters of Royal Air Force, *Middle East RAF Mediterranean Review,* no 1 May –December 1942; no 2 January –March 1943; no 3 April- June 1943; no 4 July-September 1943

Middlebrook-Everitt 2011
M. Middlebrook, C. Everitt, *The Bomber Command war diaries. An operational reference book 1939-1945*, Milbank 2011

***Militaria* 1991**
Militaria in Europa, «Rivista Militare Europea», 1, Roma 1991

MILITARY INTELLIGENCE 1943
MILITARY INTELLIGENCE SERVICE, War Department, *World War Two, a Chronology*, January, February, March, April, May, June, July, August 1943

MINISTERO-DIFESA 1973
MINISTERO DELLA DIFESA, Stato Maggiore dell'Esercito, *Bollettini di Guerra del Commando Supremo 1940-1943*, Roma 1973

MINISTERO-GUERRA 1933
MINISTERO DELLA GUERRA, *Ruoli degli ufficiali generali del R. Esercito in servizio permanete effettivo, in aspettativa per riduzione quadri e delle categorie in congedo,* Roma 1933

MINISTERO-GUERRA 1940
MINISTERO DELLA GUERRA, Ispettorato dell'Arma del Genio, n 39997, *Istruzione sulle stazioni fotoelettriche. Impiego delle stazioni,* Roma 1940

MINISTERO-GUERRA 1942
MINISTERO DELLA GUERRA, Direzione Superiore del Servizio Tecnico del Genio, *Memoria sul fonogoniometro Galileo mod. 1941, con tracciatore di rotta e correttore di parallasse*, Firenze 1942

MISTER KIT-DE COCK 1982
MISTER KIT, J.P. DE COCK, *Boeing B-17 Fortezza Volante,* Supplemento speciale A, Novara 1982

MONTGOMERY 1959
B. L. MONTGOMERY, *Memorie del maresciallo Montgomery*, traduzione di A. GARRONE, Milano 1959

MVSN 1942
MVSN, Comando Milizia Artiglieria Marittima, *Istruzione sui metodi di tiro contraerei, sulle centrali di tiro c.a. e sulle armi contraeree assegnate alla Milizia Artiglieria Marittima*, anno XIX, Genova 1942

NAGLE-ANFORA 1861
G. NAGLE, F. ANFORA, *Difesa di Gaeta, 1860-1861*, Napoli 1861

OFFICE-HISTORY 1983
OFFICE OF AIR FORCE HISTORY, *Air Force Combat Units of World War II,* Washington 1983

PAIXHANS 1838
H. J. PAIXHANS, *An account of the experiments made in the French Navy for the trail of bomb cannon*, translated by J.A. DAHLGREN, Philadelphia 1838

PALMIERI 1861
G. PALMIERI, *Cenno storico militare dal 1859 al 1861,* Napoli 1861

PALOQUE 2012
G. PALOQUE, Les *12th & 15th Air Forces*, Historie & Collection, Paris 2012

Persano 1870
C. Pellion di Persano, *Diario privato politico militare dell'Ammiraglio C. di Persano nella campagna navale degli anni 1860 e 1861*, terza edizione, Torino 1870

Piaggia 1860
G. Piaggia, *La campagna di Milazzo nella guerra d'Italia dell'anno 1860*, Palermo 1860

Pianell 1902
G. S. Pianell, *Il generale Pianell. Memorie 1859-1892*, a cura di E. Pinell Ludolf, Firenze 1902

Pignato 1972
N. Pignato, *Artiglierie e automezzi dell'Esercito Italiano nella seconda guerra mondiale,* Parma 1972

Poolman 1989
K. Poolman, *Sottomarini alleati della seconda guerra mondiale*, La Spezia 1989

Price 1992
A. Price, *I bombardieri nella seconda Guerra mondiale*, Milano 1992

Quarrie 1978
B. Quarrie, *Fallschirmpanzer division "Hermann Göring",* Vanguard Series 4, Osprey Publishing, Oxford 1978

Read 1990
S. N. Read, *Planning of the unplannable planning. Branches. Sequels and reserve,* Fort Leavenworth 1990

Reuleaux 1891
F. Reuleaux, *Le grandi scoperte e le loro applicazioni. Le arti. Macchine, artiglierie, armi,* Traduzione di V. Pagliani, Torino 1891

Riccobono-Berdar 1988
F. Riccobono, A. Berdar, *La Real Cittadella di Messina*, Messina 1988

***Risorgimento* 1965**
Il Risorgimento Italiano, Mondadori, Milano 1965

Rosignoli 1995
G. Rosignoli, *MVSN, storia, organizzazione uniformi e distintivi*, Parma 1995

***Ruoli-Due Sicilie* 1846**
Ruoli de Generali e Uffiziali attivi e sedentari del Reale Esercito e dell'Armata di Mare di Sua Maestà il Re delle Due Sicilie, Napoli 1846

Russo 1994
F. Russo, *La difesa costiera del regno di Sicilia dal XVI al XIX secolo*, USSME, Roma 1994

Rüstow 1862
W. F. Rüstow, *La guerra italiana del 1860, descritta politicamente e militarmente*, Milano 1862

Santoni 1989
A. Santoni, *Le operazioni in Sicilia e Calabria, luglio- settembre 1943*, USSME, Roma 1989

Santoni-Mattesini 2005
A. Santoni, F. Mattesini, *La partecipazione tedesca alla guerra aeronavale nel Mediterraneo (1940- 1945)*, in «Storia Militare» 2005

Scapini 2012
A. Scapini, *Decorazioni distintivi e attestati di conferimento del Terzo Reich*, Parma 2012

Schaulen 2002
F. Schaulen, *Die deutsche Militarelite 1939-1945 : Zeitgeschichte in Farbe*, Pour le Mérite 2002

Scuola-Artiglieria 1941
Scuola di Applicazione di Artiglieria e Genio, *Note sulle centrali di tiro e sui materiali C. A. moderni*, Torino 1941

Società-Breda 1937
Società Italiana Ernesto Breda per costruzione meccaniche,
Affusto a piedestallo per cannone da 76/40 modif. 35, Milano 1937

Sorrenti 1999
M. T. Sorrenti (a cura di), *Le visioni e la memoria. Rappresentazioni iconografiche dello Stretto di Messina fra XV e XIX secolo,* Mostra in Messina 1999

***Supplemento- enciclopedia* 1872**
Supplemento perenne alla nuova enciclopedia popolare italiana, ossia rivista annuale, scientifica letteraria, industriale1870-1871, Napoli- Roma 1872

Swearingen 2009
B.W. Swearingen, *War Diary, 487th Bombardment Squadron, 340th Bombardment Group,* Transcribed by D. Setzer, 2009
in http://www.reddog1944.com/487th_History_NARA_documents.htm

Taggart 1947
D. G. Taggart, *History of the Third Infantry Division in World War II*, United States Army 3d Division, Washington 1947

Tennet 1864
J. E. Tennet, *Story of the guns*, London 1864

Truscott 1954
L. K. Truscott, *Command missions. A personal story*, New York 1954

Ulloa 1845
G. Ulloa, *Cenno sulle artiglierie napoletane, dei loro tiri e del modo di appuntarle*, Napoli 1845

***U.S.Operations* 1949**
U. S. Army Civil Censorship Operations in Italy During World War, The Ground General School, Fort Riley 1949

Valfré 1864
L. Valfré (a cura di), *Operazioni dell'Artiglieria negli assedi di Gaeta e Messina negli anni 1860 e 1861*, Torino 1864

van Ghelen 1719
J. van Ghelen, *Description de l'isle de Sicile et de ses côtes maritimes: avec les plans de toutes ses forteresses nouvellement tirés, selon l'etât où elles se trouvent presentement,* Vienne 1719

Verzera 2000
E. Verzera, *Messina 43 Messina 44*, Messina 2000

Villari 2006
P. L. Villari, *"Husky"10 luglio 1943. I militari Italiani e la difesa della Sicilia,* Roma 2006

von der Goltz 1896
C. von der Goltz, *Condotta della guerra. Brevi insegnamenti circa i suoi principi e le sue forme più importanti,* Traduzione di P. Meomartino, Benevento 1896

White 1947
N. W. White, *From Fedala to Berchesgaden, a history of Seventh United States infantry in World War Two*, Keystone 1947

Wise 1981
T. Wise, *World War 2 Military vehicle markings*, Cambridge 1981

Zaloga 2013
S. J. Zaloga, *Sicily 1943.The debut of allied joint operation,* Oxford 2013

www.ingramcontent.com/pod-product-compliance
Lightning Source LLC
LaVergne TN
LVHW072257300926
849160LV00018B/1689